数控加工编程（车削）

主　编　欧阳玲玉
副主编　戴晓莉　曾宪福
主　审　张建荣

U0233978

北京理工大学出版社
BEIJING INSTITUTE OF TECHNOLOGY PRESS

内 容 简 介

"数控加工编程（车削）"是高职数控技术专业一门重要的专业核心课程。本书由校企合作共同开发，在编写过程中以工学结合为切入点，以工作过程为导向，打破传统的学科型课程框架，根据企业的工作实际，从分析数控车工岗位的要求和工作内容入手，并依据数控车工国家职业标准，精心编排组织教学内容。

本书共分 3 个学习模块，包括轴类零件的数控编程与加工、套类零件的数控编程与加工、特殊零件的数控编程与加工。每个模块又分成若干个任务，每个任务都采用任务驱动的编写模式，以企业典型工作任务构建结构，包括任务描述、任务分组、任务分析、任务决策、任务实施、任务评价、任务复盘、拓展提高、知识链接、职业技能鉴定理论试题等内容，任务内容由简单到复杂、由易到难。通过 9 个典型任务的学习，使学生在完整、综合性的学习中进行思考，以达到学会学习、学会工作、培养方法能力和掌握技能的目的。

学生通过学习本课程，系统掌握数控车削零件加工中所涉及岗位的能力和技能，掌握数控车削典型零件：简单轴、台阶轴、圆弧轴、螺纹轴、内孔零件及套类零件的工艺分析及编程，熟练掌握各类零件的检验技术，掌握不同数控系统的数控机床的操作，培养学生分析问题的能力、独立思考能力、现场解决问题能力、综合应用知识能力和创新思维能力，提高学生职业道德水平、职业综合素养，培养学生自我学习能力，增强可持续发展潜力，可以直接适应数控车削加工的工艺员、编程员、机床操作员和检验员的岗位，真正实现零距离就业。

图书在版编目（CIP）数据

数控加工编程．车削／欧阳玲玉主编．--北京：

北京理工大学出版社，2022.7

ISBN 978-7-5763-1536-3

Ⅰ．①数… Ⅱ．①欧… Ⅲ．①数控机床-车床-车削

-程序设计-高等学校-教材　Ⅳ．①TG659 ②TG519.1

中国版本图书馆 CIP 数据核字（2022）第 130746 号

出版发行／北京理工大学出版社有限责任公司

社　　址／北京市海淀区中关村南大街 5 号

邮　　编／100081

电　　话／（010）68914775（总编室）

　　　　　（010）82562903（教材售后服务热线）

　　　　　（010）68944723（其他图书服务热线）

网　　址／http：//www.bitpress.com.cn

经　　销／全国各地新华书店

印　　刷／涿州市新华印刷有限公司

开　　本／787 毫米×1092 毫米　1/16

印　　张／14　　　　　　　　　　　　　　　责任编辑／张鑫星

字　　数／305 千字　　　　　　　　　　　　文案编辑／张鑫星

版　　次／2022 年 7 月第 1 版　2022 年 7 月第 1 次印刷　　责任校对／周瑞红

定　　价／76.00 元　　　　　　　　　　　　责任印制／李志强

前　言

本书依据机械设计制造类专业的工作岗位需求，从企业生产，结合企业岗位需求，有关国家职业标准和相关职业技能鉴定规范，以及多年数控加工编程的教学中提炼出典型的案例，基于工作过程的模式组织编写内容。

"数控加工编程（车削）"是高职机械类专业十分重要、实践性很强的专业核心课程。运用数控机床进行零件加工是数控机床操作人员的典型工作任务，是数控技术高技能型人才必备技能。

本书以工作过程为导向，将课程思政元素有机融合在项目任务中。每个项目都有教学目标和学习导航，由任务描述、任务分组、任务分析、任务决策、任务实施、任务评价、任务复盘、拓展提高和知识链接等环节组成。本书主要介绍 FANUC 数控系统的加工编程，以典型车削零件的数控车削编程与加工为载体，由简单到复杂的加工工作任务，主要介绍学生完成工作任务所需的数控加工工艺、数控编程、数控加工操作、产品质量检测等内容。通过任务的学习与实施，掌握数控车削加工工艺路线的编制、切削用量的选择，熟练掌握数控车削典型零件的编程和加工，熟练运用常用夹具、刀具、量具等工具，达到中级数控车床操作工的水平。在每个任务的知识链接中，汇集了教材编写组所有成员拍摄的课程讲解视频二维码，学生可随时随地通过扫码，学习数控车削相关的任务知识。同时，教材中精心筛选了一些理论思考题、典型零件数控车削加工实训题以及数控车工中级、高级操作工的职业技能要求，供学生课后练习。

本书由江西应用技术职业学院欧阳玲玉主编，江西应用技术职业学院戴晓莉、赣州澳克泰工具技术有限公司曾宪福任副主编，江西应用技术职业学院秦平、林通、谢宝飞参编。其中模块一任务1、模块二任务7、模块三任务8由欧阳玲玉编写；模块一任务2由林通编写，模块一任务3由秦平编写；模块一任务4、任务5由戴晓莉编写；模块二任务6由谢宝飞编写；各任务内容中数控车削加工工艺、零件检测内容、附录由曾宪福编写。全书由欧阳玲玉统稿，由江西应用技术职业学院张建荣担任主审。

本书在编写过程中，参阅了国内外的相关资料、文献和教材，同时，也得到了其他院校、同行的大力支持和帮助，在此深表感谢。

由于时间仓促，以及编者水平和经验有限，书中难免有欠妥和错误之处，恳请读者提出宝贵意见。

编　者

目　　录

模块一　轴类零件编程与加工

　　轴类零件是指旋转体零件，其长度大于直径，一般由同心轴的外圆柱面、圆锥面、槽、螺纹及相应的端面所组成。轴类零件是数控车削加工经常遇到的典型零件之一，其主要用来支承传动零部件、传递扭矩和承受载荷。按轴类零件结构形式不同，一般可分为简单轴、台阶轴、圆弧轴、螺纹轴等结构形式。该模块要求学生掌握典型轴类零件加工工艺制定及程序编写，并能独立操作数控车床加工出合格的轴类零件。

【学习目标】

　　1. 掌握简单轴、台阶轴、圆弧轴、螺纹轴等轴类零件数控车削加工工艺理论知识。

　　2. 掌握 G00、G01、G02、G03 基本编程指令的编程应用。

　　3. 掌握 G71、G73、G70 粗、精加工循环指令的编程应用。

　　4. 掌握 G74、G75 等切槽加工循环指令的编程应用。

　　5. 掌握 G32、G92、G76 等螺纹加工循环指令的编程应用。

　　6. 掌握轴类零件加工时刀具选择知识。

　　7. 掌握轴类零件加工时尺寸控制方法。

【技能目标】

　　1. 能分析零件图纸，制订轴类零件的加工工艺方案。

　　2. 能根据零件加工要求，查阅相关资料，正确、合理选用刀具、量具、工具、夹具。

　　3. 能用 G00、G01、G71、G70 指令编写简单轴、台阶轴零件加工程序。

　　4. 能用 G02、G03、G73、G70 等指令编写圆弧轴零件加工程序。

　　5. 能用 G74、G75 等指令编写槽类零件加工程序。

　　6. 能用 G92、G76 等指令编写螺纹轴零件加工程序。

　　7. 能使用夹具正确装夹零件。

　　8. 能独立操作数控车床，完成轴类零件的加工并控制零件质量。

【素养目标】

　　1. 养成严格执行与职业活动相关的，保证工作安全和防止意外发生的规章制度的素养。

　　2. 养成认真细致分析、解决问题的素养。

3. 养成诚实守信、认真负责的工匠品质，树立产品质量意识。

4. 能与他人进行有效的交流和沟通，具备较强的团队协作精神。

【学习导航】

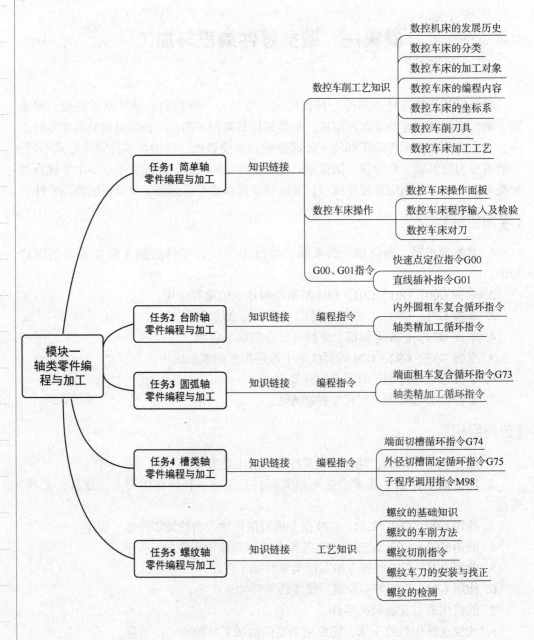

任务 1　简单轴零件编程与加工

任务描述

本项目要求在 FANUC 0iT 系统的数控车床上加工如图 1-1 所示的简单轴零件。对简单轴零件进行工艺分析，编制零件的加工程序，利用数控车床加工、检测简单轴零件的尺寸和精度、质量分析等内容，工作过程进行详解。

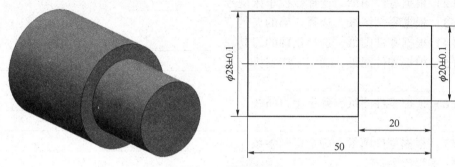

图 1-1　简单轴零件

任务分组

【团队合作、协调分工；共同讨论、分析任务】

将班级学生分组，4 人或 5 人为一组，由轮值安排生成组长，使每个人都有培养组织协调和管理能力的机会。每人都有明确的任务分工，4 人分别代表项目组长、工艺设计工程师、数控车技师、产品验收工程师，模拟真实简单轴项目实施过程，培养团队合作、互帮互助精神和协同攻关能力。项目分组如表 1-1 所示。

表 1-1　项目分组

项目组长		组名	指导教师
团队成员	学号	角色指派	备注
		项目组长	统筹计划、进度、安排和团队成员协调，解决疑难问题
		工艺设计工程师	进行简单轴工艺分析，确定工艺方案，编制加工程序
		数控车技师	进行数控车床操作，加工台阶轴的调试
		产品验收工程师	根据任务书、评价表对项目功能、组员表现进行打分评价

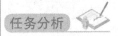

任务分析

【计划先行，谋定而后动】

1. 加工对象

（1）进行零件加工，首先要根据零件图纸分析加工对象。

本项目的加工对象是＿＿＿＿＿＿＿＿＿＿＿＿＿＿＿＿＿＿＿＿＿＿＿＿＿＿＿＿＿

（2）零件图纸分析内容包括＿＿＿＿＿＿＿＿＿＿＿＿＿＿＿＿＿＿＿＿＿＿＿＿＿

2. 加工工艺内容

（1）根据零件图纸，选择相应的毛坯材质＿＿＿＿＿＿、尺寸＿＿＿＿＿＿＿＿

（2）根据零件图纸，选择数控车床型号＿＿＿＿＿＿＿＿＿＿

（3）根据零件图纸，选择正确的夹具＿＿＿＿＿＿

（4）根据零件图纸，选择正确的刀具＿＿＿＿＿＿＿＿＿

（5）根据零件图纸，确定工序安排＿＿＿＿＿＿＿＿＿

＿＿＿＿＿＿＿＿＿＿＿＿＿＿＿＿＿＿＿＿＿＿＿＿＿＿＿＿＿＿＿＿＿＿＿＿＿＿＿

（6）根据零件图纸，确定走刀路线＿＿＿＿＿＿＿＿＿＿＿＿＿＿＿＿＿＿＿＿＿＿

＿＿＿＿＿＿＿＿＿＿＿＿＿＿＿＿＿＿＿＿＿＿＿＿＿＿＿＿＿＿＿＿＿＿＿＿＿＿＿

（7）根据零件图纸，确定切削参数＿＿＿＿＿＿＿＿＿＿＿＿＿＿＿＿＿＿＿＿＿

3. 编程指令

简单轴加工需要的功能指令有＿＿＿＿＿＿＿＿＿＿＿＿＿＿＿＿

零件加工程序的编制格式＿＿＿＿＿＿＿＿＿＿＿＿＿＿＿＿

4. 零件加工

（1）零件加工的工件原点取在哪个位置？

＿＿＿＿＿＿＿＿＿＿＿＿＿＿＿＿＿＿＿＿＿＿＿＿＿＿＿＿＿＿＿＿＿＿＿＿＿＿＿

（2）零件的装夹方式＿＿＿＿＿＿＿＿＿＿＿＿＿＿＿＿＿＿

（3）加工程序的调试操作步骤？

＿＿＿＿＿＿＿＿＿＿＿＿＿＿＿＿＿＿＿＿＿＿＿＿＿＿＿＿＿＿＿＿＿＿＿＿＿＿＿

5. 零件检测

（1）零件检测使用的量具和检具：＿＿＿＿＿＿＿＿＿＿＿＿

（2）零件检测的标准有哪些？

＿＿＿＿＿＿＿＿＿＿＿＿＿＿＿＿＿＿＿＿＿＿＿＿＿＿＿＿＿＿＿＿＿＿＿＿＿＿＿

任务决策

1. 加工对象

图1-1所示为简单轴零件，需要加工端面、车外圆并切断。产品对 ϕ28 mm、ϕ20 mm 外圆尺寸有一定的精度要求。

2. 零件图工艺分析

1）毛坯的选择

选用直径为 ϕ30 mm 的45钢棒材，考虑夹持长度，毛坯长度确定为 80 mm。无热处理和硬度要求，单件生产。

2）机床选择

考虑产品的精度要求，选用 CKY400B 型号的数控车床。

3）确定装夹方案和定位基准

使用三爪自定心液压卡盘夹持零件的毛坯外圆 φ30 mm 处，确定零件伸出合适的长度（把车床的限位距离考虑进去），零件的加工长度为 50 mm，零件完成后需要切断。切断刀宽度为 4 mm，卡盘的限位安全距离为 5 mm，因此零件应伸出卡盘总长 60 mm 以上。零件装好后离卡爪较远部分需要敲击校正，才能使工件整个轴线与主轴轴线同轴。

4）确定加工顺序及进给路线

该零件单件生产，端面为设计基准，也是长度方向测量基准，确定工序安排为先切端面，工件坐标系原点在右端。此零件外圆尺寸公差带为±0.1 mm，查询标准公差的数值表（GB/T 1800.3—1998）可知，外圆的加工精度为 IT10～IT11 等级，因此，选用外圆车刀先进行简单轴外轮廓的粗车，然后半精加工外轮廓，最后切断工件。

5）选择刀具及切削用量

选择刀具时需要根据零件结构特征确定刀具类型，如切断需用切断刀，车螺纹需用螺纹刀等，安排该刀具在刀架上的刀具号，以便对刀、编程时对应。零件需要进行粗加工，根据机械设计手册选择硬质合金钢材质的刀具，外圆切削时使用 93°外圆车刀，25 mm×25 mm 的标准刀杆；工件切断使用外圆切断刀，刀片厚度为 4 mm。刀具及切削参数如表 1-2 所示。

表 1-2　刀具及切削参数

工步	工步内容	刀具号	刀具类型	主轴转速 $S/(\mathrm{r \cdot min^{-1}})$	进给量 $f/(\mathrm{mm \cdot r^{-1}})$	背吃刀量 a_p/mm
1	平端面	T01	93°外圆车刀			
2	粗车外圆	T01	93°外圆车刀			
3	精车外圆	T01	93°外圆车刀			
4	切断	T02	4 mm 切断刀			

6）切削参数的确定

查询机械设计手册，根据 45 钢毛坯材料使用硬质合金钢的外圆刀具，切削速度选择如表 1-3 所示。

表 1-3　切削速度选择

工件材料	刀具材料	材料硬度	耐热度/℃	切削速度/$(\mathrm{m \cdot min^{-1}})$
45 钢	高速钢	HRC66～70	600～645	3
45 钢	硬质合金钢	HRA90～92	800～1 000	100～150

粗加工切削速度选择 120 m/min，精加工切削速度为 140 m/min。

切削速度 v_c 确定后，根据工件直径按下面的公式确定主轴转速。

$$n = \frac{1\ 000 v_c}{\pi d}$$

式中，v_c——切削速度（m/min）；

n——主轴转速（r/min）；

d——工件直径（mm）。

通过计算，确定加工时的主轴转速、进给量和背吃刀量，如表 1-4 所示。

表 1-4　简单轴加工工艺卡片

材料	45 钢	零件图号		零件名称	简单轴	工序号	001
程序名	O1001	机床设备	FANUC 0iT 数控车床		夹具名称	三爪自定心卡盘	
工步号	工步内容 （走刀路线）		G 功能	T 刀具	切削用量		
					转速 n /(r·min^{-1})	进给量 f /(mm·r^{-1})	背吃刀量 a_p/mm
1	粗车工件外轮廓		G01	T0101	800	0.2	2.0
2	精车工件外轮廓		G01	T0101	1 200	0.1	0.2
3	切断		G01	T0202	400	0.05	手动

3. 程序编制

1）工件轮廓坐标点计算

在手工编程时，坐标值计算要根据图样尺寸和设定的编程原点，按确定的加工路线，对刀尖从加工开始到结束过程中，每个运动轨迹的起点或终点的坐标数值进行仔细计算。对于较简单的零件不需特别数学处理的，一般可在编程过程中确定各点坐标值，如图 1-2 所示。

坐标值：$A(20,0)$、$B(20,-20)$、$C(28,-20)$、$D(28,-50)$。

2）刀具的走刀路线

外圆车刀对工件每进行一次走刀，需要经过四个动作：进刀→切削→退刀→返回，如图 1-3 所示。

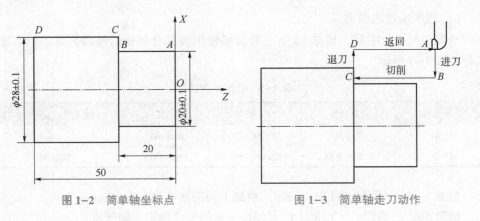

图 1-2　简单轴坐标点　　　　　　　图 1-3　简单轴走刀动作

确定编程内容：

（1）先平端面：在端面余量不大的情况下，一般采用自外向内的切削路线，注意刀尖中心与轴线等高，避免崩刀尖，要过轴线以免留下尖角。启用机床恒线速度功能保证端面表面质量。端面加工完成后，刀具移动到粗车外圆第一刀的起点。

（2）毛坯粗车：毛坯总余量有 5 mm，分 3 刀粗加工 $\phi20$ mm 和 $\phi28$ mm 两个外圆面，第一次走刀切削余量为 0.8 mm，进行 $\phi28$ mm 外圆面的粗加工；再切削两次，走刀每次切削余量为 2 mm，$\phi20$ mm 外圆面的粗加工，留径向精车余量 0.2 mm。

（3）精车简单轴：将粗车后的工件根据精加工切削参数，进行简单轴轮廓自右向左精车一次成形。

（4）切断。精加工完成后切断工件。

3）编写数控加工程序

程序内容（FANUC 程序）	注　　　释
O1001；	
N10 G00 X100 Z100；	快速移动到换刀点
N20 M03 S800；	粗加工转速为 800 r/min
N30 G00 X32 Z5 M08；	刀具至循环起始点
N40 G00 X28.4 Z5；	
N50 G01 X28.4 Z-50 F0.2；	粗车第一次走刀
N60 G00 X32 Z-55；	
N70 G00 X32 Z5；	
N80 G00 X24.4 Z5；	
N90 G01 X24.4 Z-20 F0.2；	粗车第一次走刀
N100 G00 X32 Z-20；	
N110 G00 X32 Z5；	
N120 G00 X20.4 Z5；	
N130 G01 X20.4 Z-20 F0.2；	粗车第一次走刀
N140 G00 X32 Z-20；	
N150 G00 X32 Z5；	
N160 M03 S1200；	精加工转速为 1 200 r/min
N170 G00 X20 Z5；	
N180 G01 X20 Z-20 F0.1；	
N190 G01 X28 Z-20；	
N200 G01 X28 Z-55；	沿外圆轮廓进行精加工
N210 G00 X32 Z-55；	
N220 G00 X32 Z5；	
N230 G00 Z100 X100；	外圆车刀移动至换刀点
N240 T0202；	换切断刀
N250 M03 S400；	转速为 400 r/min
N260 G00 X32 Z-54；	定位到切断点
N270 G01 X-1 F0.05；	切断
N280 G00 X100 Z100；	刀具返回换刀点
N290 M30；	程序结束并返回开始处

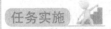

任务实施

1. 领用工具

台阶轴数控车削加工所需的工、刀、量具如表1-5所示。

表1-5 台阶轴数控车削加工所需的工、刀、量具

序号	名称	规 格	数量	备注
1	游标卡尺	0~150 mm、0.02 mm	1把	
2	千分尺	0~25 mm、25~50 mm、50~75 mm、0.01 mm	各1把	
3	百分表	0~10 mm、0.01 mm	1把	
4	外圆车刀	93°外圆车刀	1把	
5	切断刀	刀片厚度为4 mm	1把	
6	辅具	莫氏钻套、钻夹头、活络顶尖	各1个	
7	材料	φ30 mm的45钢棒材	1根	
8	其他	铜棒、铜皮、毛刷等常用工具；计算机、计算器、编程用书等		选用

2. 零件的加工

（1）打开机床电源。

（2）检查机床运行正常。

（3）输入台阶轴加工程序。

（4）程序录入后试运行，检查刀路路径正确。

（5）进行工、量、刀、夹具的准备。

（6）工件安装。

（7）装刀及对刀。建立工件坐标系，对切槽刀时，以左侧刀尖为刀位点进行对刀。

（8）加工零件。实施切削加工作为单件加工或批量的首件加工，为了避免尺寸超差，应在对刀后把X向的刀补加大0.5 mm再加工，精车后检测尺寸、修改刀补，再次精车。

实际操作过程中遇到的问题和解决措施记录于表1-6中。

表1-6 遇到的问题和解决措施

遇到的问题	解决措施
机床开机报警EMG	
机床面板上坐标按钮灯闪烁	
程序不能输入数控系统	
程序验证时，图形界面看不到运行轨迹	
建立工件坐标系时，如何确定刀尖点	

3. 关闭机床电源操作

拆卸工件、刀具，打扫机床并在机床工件台面上涂机油，完毕后关闭机床电源。

任务评价

1. 小组自查

小组加工完成后对零件进行去毛刺和尺寸的检测，零件检测的评分表如表1-7所示。【秉持诚实守信、认真负责的工作态度，强化质量意识，严格按图纸要求加工出合格产品，并如实填写检测结果】

表1-7　台阶轴的小组检测评分表

序号	考核项目	考核要求	配分	评分标准	检测结果	得分	备注
1	形状	连续轴肩	10	形状与图样不符，每处扣1分			
2	尺寸精度	ϕ20 mm±0.1 mm	15	超差0.01 mm扣3分			
		ϕ28 mm±0.1 mm	15	超差0.01 mm扣3分			
		20 mm	15	超差0.01 mm扣3分			
		50 mm	15	超差0.01 mm扣3分			
3	机床操作	开机及系统复位	5	出现错误不得分			
		装夹工件	5	出现错误不得分			
		输入及修改程序	10	出现错误不得分			
		正确设定对刀点	10	出现错误不得分			

2. 小组互评

组内检测完成，各小组交叉检测，填写检测报告，如表1-8所示。

表1-8　台阶轴的检测报告

零件名称		加工小组	
零件检测人		检测时间	
零件检测概况			
存在问题		完成时间	
检测结果	主观评价	零件质量	材料移交

3. 展示评价

各组展示作品，介绍任务完成过程、零件加工过程视频、零件检测结果、技术文档并提交汇报材料，进行小组自评、组间互评、教师评价，完成考核评价表，如

表 1-9 所示。

表 1-9　考核评价表

评价项目	序号	技术要求	配分	评分标准	自评 30%	互评 30%	师评 40%	得分
专业能力 (60分)	1	程序正确完整	10	不规范每处扣1分				
	2	切削用量合理	5	每错一处扣1分				
	3	工艺过程规范合理	5	不合理每处扣1分				
	4	刀具选择正确	5	不正确每处扣1分				
	5	对刀及坐标系设定正确	10	不正确每处扣1分				
	6	机床操作规范	5	不规范每处扣1分				
	7	尺寸精度符合要求	10	不合格每处扣1分				
	8	表面粗糙度及形位公差符合要求	10	不合格每处扣1分				
职业素养 (30分)	1	分工合理，制订计划能力强，严谨认真	5	根据学员的学习情况、表达沟通能力、合作能力和创新能力综合给分				
	2	安全文明生产，规范操作、爱岗敬业、责任意识	5					
	3	团队合作、交流沟通、互相协作、分享能力	5					
	4	遵守行业规范、企业标准	5					
	5	主动性强，保质保量完成工作任务	5					
	6	采取多样化手段收集信息、解决问题	5					
创新意识 (10分)	1	创新性思维和行动	10					

任务复盘

1. 轴类零件的编程与加工项目基本过程

本项目需要经过四个阶段：

1）数控加工工艺分析

（1）确定加工内容：零件的端面和外圆尺寸。

（2）毛坯的选择：确定毛坯的直径和长度。

（3）机床选择：确定机床的型号。

（4）确定装夹方案和定位基准。

（5）确定加工工序：以工件右端的中心点作为工件坐标系的原点，对台阶轴进行外轮廓的粗加工，然后精加工外轮廓，最后切断工件。

（6）选择刀具及切削用量。

确定刀具几何参数及切削参数，填写数控加工刀具卡片，如表 1-10 所示。

表 1-10 数控加工刀具卡片

工步号	工步内容	刀具号	刀具类型	主轴转速 $S/(\mathrm{r}\cdot\min^{-1})$	进给量 $f/(\mathrm{mm}\cdot\mathrm{r}^{-1})$	背吃刀量 a_p/mm

（7）结合零件加工工序安排和切削参数，填写加工工艺卡片，如表 1-11 所示。

表 1-11 加工工艺卡片

材料		零件图号		零件名称		工序号	
程序名		机床设备			夹具名称		
工步号	工步内容（走刀路线）	G 功能	T 刀具	切削用量			
				转速 n /(r·min^{-1})	进给量 f /(mm·r^{-1})	背吃刀量 a_p/mm	

2）数控加工程序编制

（1）工件轮廓坐标点计算。

根据工件坐标系的工件原点，计算工件外轮廓上各连接点的坐标值。

（2）确定编程内容。

根据外轮廓上各连接几何要素的形状，确定刀具的运动，快速点定位指令＿＿＿＿＿＿，直线插补指令＿＿＿＿＿＿，编制出零件的加工程序。

3）数控加工

确定数控机床加工零件的步骤：输入数控加工程序→验证加工程序→查看加工走刀路线→零件加工对刀操作→零件加工。

程序输入的模式：＿＿＿＿＿＿＿＿＿＿＿＿＿＿＿＿＿＿＿＿＿＿＿＿＿＿＿

程序验证的模式：＿＿＿＿＿＿＿＿＿＿＿＿＿＿＿＿＿＿＿＿＿＿＿＿＿＿＿

单把刀对刀步骤：＿＿＿＿＿＿＿＿＿＿＿＿＿＿＿＿＿＿＿＿＿＿＿＿＿＿＿

＿＿＿＿＿＿＿＿＿＿＿＿＿＿＿＿＿＿＿＿＿＿＿＿＿＿＿＿＿＿＿＿＿＿＿

＿＿＿＿＿＿＿＿＿＿＿＿＿＿＿＿＿＿＿＿＿＿＿＿＿＿＿＿＿＿＿＿＿＿＿

零件加工的模式：＿＿＿＿＿＿＿＿＿＿＿＿＿＿＿＿＿＿＿＿＿＿＿＿＿＿＿

4）零件检测

工、量、检具的选择和使用。

_____

_____

2. 总结归纳

通过简单轴零件编程与加工项目设计和实施，对所学、所获进行归纳总结。

_____

_____

3. 存在问题/解决方案/优化可行性

_____

_____

_____

拓展提高

1. 编程与车削

完成图 1-4 所示简单轴零件的编程与车削加工，材料 45 钢，生产规模为单件。

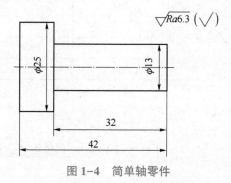

图 1-4　简单轴零件

2. 任务分析

_____

_____

3. 任务决策

（1）确定毛坯尺寸。

（2）机床、夹具、刀具的选择。

（3）加工工序安排。

（4）走刀路线的确定。

（5）切削用量的选择。

（6）填写工艺卡片，如表 1-12 所示。

表 1-12　工艺卡片

材料		零件图号		零件名称		台阶轴	工序号	
程序名		机床设备				夹具名称		
工步号	工步内容 （走刀路线）		G 功能	T 刀具	切削用量			
					转速 n $/(\text{r} \cdot \text{min}^{-1})$	进给量 f $/(\text{mm} \cdot \text{r}^{-1})$	背吃刀量 a_p/mm	

4. 任务实施

1）编制加工程序

_____

_____

_____

2）零件加工步骤

_____

_____

_____

3）零件检测

按表 1-13 内容进行小组零件检测。

表 1-13　小组检测评分表

序号	考核项目	考核要求	配分	评分标准	检测结果	得分	备注
1	形状	连续轴肩	5	形状与图样不符， 每处扣 1 分			
2	尺寸精度	$\phi13$ mm	15	超差 0.01 mm 扣 3 分			
		$\phi25$ mm	15	超差 0.01 mm 扣 3 分			
		32 mm	15	超差 0.01 mm 扣 3 分			
		42 mm	15	超差 0.01 mm 扣 3 分			
3	表面粗糙度	$Ra6.3$ μm	5	超差 0.01 mm 扣 3 分			
4	机床操作	开机及系统复位	5	出现错误不得分			
		装夹工件	5	出现错误不得分			
		输入及修改程序	10	出现错误不得分			
		正确设定对刀点	10	出现错误不得分			

通过小组自评、组间互评和教师评价，完成考核评价表 1-14。

学习笔记

表 1-14　考核评价表

评价项目	序号	技术要求	配分	评分标准	自评30%	互评30%	师评40%	得分
专业能力（60分）	1	程序正确完整	10	不规范每处扣1分				
	2	切削用量合理	5	每错一处扣1分				
	3	工艺过程规范合理	5	不合理每处扣1分				
	4	刀具选择正确	5	不正确每处扣1分				
	5	对刀及坐标系设定正确	10	不正确每处扣1分				
	6	机床操作规范	5	不规范每处扣1分				
	7	尺寸精度符合要求	10	不合格每处扣1分				
	8	表面粗糙度及形位公差符合要求	10	不合格每处扣1分				
职业素养（30分）	1	分工合理，制订计划能力强，严谨认真	5	根据学员的学习情况、表达沟通能力、合作能力和创新能力综合给分				
	2	安全文明生产，规范操作、爱岗敬业、责任意识	5					
	3	团队合作、交流沟通、互相协作、分享能力	5					
	4	遵守行业规范、企业标准	5					
	5	主动性强，保质保量完成工作任务	5					
	6	采取多样化手段收集信息、解决问题	5					
创新意识（10分）	1	创新性思维和行动	10					

5. 任务总结

从以下几方面进行总结与反思：

（1）对工件尺寸精度和表面质量进行评价，找出尺寸超差或表面质量缺陷的原因，提出改进方法。

（2）对工艺合理性、加工效率、刀具寿命等方面进行评价，进一步优化切削参数。

（3）对整个加工过程中出现的违反 5S 管理、安全文明生产等操作进行反思。

自我评估与总结：

_____

_____

_____

_____

一、数控车削工艺知识

1. 数控机床的发展历史

数控机床是机电一体化的典型产品，是集机床、计算机、电动机及拖动、自动控制、检测等技术为一体的自动化设备。现代数控系统都为计算机数控系统（Computer Numerical Control，简称 CNC）。数控机床的基本组成包括信息载体、输入/输出装置、数控装置、伺服系统、辅助控制装置、反馈系统及机床本体，如图 1-5 所示。

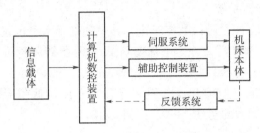

图 1-5　数控机床组成框图

1）信息载体

信息载体又称控制介质，是人与数控机床之间联系的中间媒介物质，反映了数控加工中的全部信息。目前常用的有穿孔带、磁带或磁盘等。

2）输入/输出装置

输入/输出装置是 CNC 系统与外部设备进行交互的装置。交互的信息通常是零件加工程序，即将编制好的记录在控制介质上的零件加工。程序输入 CNC 系统或将调试好了的零件加工程序通过输出设备存放或记录在相应的控制介质上。

3）数控装置

CNC 装置是数控机床实现自动加工的核心，主要由计算机系统、位置控制板、PLC 接口板、通信接口板、特殊功能模块以及相应的控制软件等组成。

作用：根据输入的零件加工程序进行相应的处理（如运动轨迹处理、机床输入/输出处理等），然后输出控制命令到相应的执行部件（伺服单元、驱动装置和 PLC 等），所有这些工作是由 CNC 装置内硬件和软件协调配合、合理组织，使整个系统有条不紊地进行工作的。

4）伺服系统

它是数控系统与机床本体之间的电传动联系环节，主要由伺服电动机、驱动控制系统以及位置检测反馈装置组成。伺服电动机是系统的执行元件，驱动控制系统则是伺服电动机的动力源。数控系统发出的指令信号与位置反馈信号比较后作为位移指令，再经过驱动系统的功率放大后，带动机床移动部件做精确定位或按照规定的轨迹和进给速度运动，使机床加工出符合图样要求的零件。

5）检测反馈系统

检测反馈系统由检测元件和相应的电路组成，其作用是检测机床的实际位置、速度等信息，并将其反馈给数控装置与指令信息进行比较和校正，构成系统的闭环控制。

6）机床本体

机床本体指的是数控机床机械机构实体，包括床身、主轴、进给机构等机械部件。数控机床是高精度和高生产率的自动化机床，它与传统的普通机床相比，应具有更好的刚性和抗振性，相对运动摩擦系数要小，传动部件之间的间隙要小，且传动和变速系统要便于实现自动化控制。

2. 数控车床的分类

1）**按主轴布置形式分类**

（1）常用的数控车床是卧式数控车床，其主轴处于水平位置。在卧式车床中根据导轨的位置又分为平床身卧式车床和斜床身卧式车床，如图 1-6、图 1-7 所示。平床身的导轨平面平行于水平面，斜床身的导轨与水平面形成一定的角度。斜床身卧式车床的倾斜导轨结构，可以使车床具有更大的刚性，并易于排除切屑。

数控车床的分类 视频讲解

图 1-6　平床身卧式数控车床　　　　图 1-7　斜床身卧式数控车床

（2）立式数控车床。

立式数控车床主轴垂直于水平面，一个直径很大的圆形工作台用来装夹工件，如图 1-8 所示。

图 1-8　立式数控车床

立式数控车床主要用于加工径向尺寸大、轴向尺寸相对较小，且形状较复杂的大型或重型零件，适用于通用机械、冶金、军工、铁路等行业的直径较大的车轮、法兰盘、大型电机座、箱体等回转体的粗、精车削加工。

2）按加工零件的基本类型分类

（1）卡盘式数控车床。这类车床没有尾座，适合车削盘类（含短轴类）零件，如图1-9所示。夹紧方式多为电动或液动控制，卡盘结构多具有可调卡爪或不淬火卡爪（即软卡爪）。

（2）顶尖式数控车床。这类车床配有普通尾座或数控尾座，适合车削较长的零件及直径不太大的盘类零件，如图1-10所示。

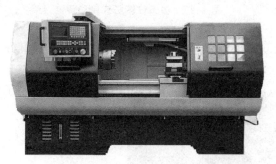

图1-9 卡盘式数控车床

图1-10 顶尖式数控车床

3）按数控系统的功能分类

（1）经济型数控车床。一般采用开环控制，具有CRT显示、程序储存、程序编辑等功能，加工精度不高，主要用于精度要求不高、有一定复杂性的零件。

（2）全功能数控车床。这是较高档的数控车床，具有刀尖圆弧半径自动补偿、恒线速、倒角、固定循环、螺纹切削、图形显示、用户宏程序等功能，加工能力强，适宜加工精度高、形状复杂、工序多、循环周期长、品种多变的单件或中小批量零件的加工。

（3）车削加工中心。车削加工中心的主体是数控车床，配有动力刀座或机械手，可实现车、铣复合加工，如高效率车削、铣削凸轮槽和螺旋槽。

4）按运动方式分类

（1）点位直线控制数控机床。

点位直线控制是指数控系统除控制直线轨迹的起点和终点的准确定位外，还要控制在这两点之间以指定的进给速度进行直线切削。

（2）轮廓控制数控机床。

轮廓控制亦称连续轨迹控制，能够连续控制两个或两个以上坐标方向的联合运动。为了使刀具按规定的轨迹加工工件的曲线轮廓，数控装置具有插补运算的功能，使刀具的运动轨迹以最小的误差逼近规定的轮廓曲线，并协调各坐标方向的运动速度，以便在切削过程中始终保持规定的进给速度。

5）按刀架数量分类

（1）单刀架数控车床。数控车床一般都配置有各种形式的单刀架，如四工位卧式转位刀架或多工位转塔式自动转位刀架，如图 1-11 和图 1-12 所示。

图 1-11　四工位卧式转位刀架

图 1-12　多工位转塔式自动转位刀架

（2）双刀架数控车床。这类车床的双刀架配置平行分布，也可以是相互垂直分布，如图 1-13 所示。

图 1-13　双刀架数控车床

3. 数控车床的加工对象

数控车床主要用于回转体零件的加工，例如：轴类、盘类、套类等。通过执行数控程序，可以自动完成内（外）圆柱面、任意角度的内（外）圆锥面、成形表面和圆柱、圆锥螺纹以及端面等工序的切削加工，并能进行切槽、钻孔、扩孔、铰孔及镗孔等切削加工。由于数控车床具有加工精度高、能做直线和圆弧插补以及在加工过程中能自动变速的特点，因此数控车削加工的工艺范围较普通车床宽得多。数控车削中心和数控车铣中心可在一次装夹中完成更多的加工工序，提高了加工精度和生产效率。

数控车床的加工对象视频讲解

与常规加工相比，数控车削的加工对象有以下几种：

1）精度要求高的回转体零件

由于数控车床具有刚性好、制造精度和对刀精度高、可方便精确地进行人工补偿和自动补偿的特点，所以能加工尺寸精度要求较高的零件，在有些场合可以以车代磨。此外，数控车削的刀具运动是通过高精度插补运算和伺服驱动来实现的，所以它能加工直线度、圆度、圆柱度等形状精度要求高的零件。数控车削的工序集中，减少了工件的装夹次数，还有利于提高零件的位置精度。

2）表面质量要求高的回转体零件

数控车床能加工出表面粗糙度 Ra 值小的零件，不但是因为机床的刚性和制造精度高，还由于它具有恒线速度切削功能。在材质、精车留量和刀具已定的情况下，表面粗糙度取决于进刀量和切削速度。使用数控车床的恒线速度切削功能，就可选用最佳线速度来切削端面，使车削后的表面粗糙度 Ra 值既小又一致。数控车床还适于车削各部位表面粗糙度要求不同的零件，表面粗糙度 Ra 值小的部位可以用减小走刀量的方法来达到，而这在传统车床上是做不到的。

3）表面形状复杂的回转体零件

由于数控车床具有直线和圆弧插补功能，部分车床数控装置还有某些非圆曲线插补功能，所以可以车削由任意直线和平面曲线组成的形状复杂的回转体零件和难以控制尺寸的零件，如图 1-14 所示壳体零件封闭内腔的成形面，在普通车床上是无法加工的，而在数控车床上则很容易加工出来。

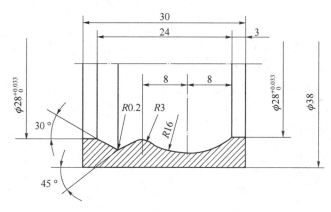

图 1-14　成形内腔壳体零件示例

组成零件轮廓的曲线可以是数学方程式描述的曲线，也可以是列表曲线。对于由直线或圆弧组成的轮廓，直接利用机床的直线或圆弧插补功能；对于由非圆曲线组成的轮廓，可以用非圆曲线插补功能；若所选机床没有曲线插补功能，则应先用直线或圆弧去逼近，再用直线或圆弧插补功能进行插补切削。如果说车削圆弧零件和圆锥零件既可选用传统车床也可选用数控车床，那么车削复杂形状回转体零件就只能使用数控车床了。

4）带特殊螺纹的回转体零件

普通车床所能车削的螺纹相当有限，只能车削等导程的圆柱（锥面）螺纹，而且一台车床只能限定加工若干种导程的螺纹。但数控车床能车削增导程、减导程以及要求等导程和变导程之间平滑过渡的螺纹。数控车床车削螺纹时，主轴转向不必像普通车床那样交替变换，可以一刀接一刀地循环切削直到完成，所以车削螺纹的效率很高。数控车床可配备精密螺纹切削功能，再加上采用硬质合金成形刀片、使用较高的转速，所以车削的螺纹精度高、表面粗糙度 Ra 值小。

4. 数控车床的编程内容

1）程序结构

由以上实例可以得出如下结论：

（1）程序组成。

数控加工程序由程序名和若干个程序段组成，每一个程序段占有一行。

（2）程序段。

程序段由若干个功能字组合而成。如："N30 G00 X19 Z1"程序段由四个功能字组成，包括程序段号和程序段内容。

（3）功能字。

功能字简称为字，如：X30 就是一个"字"。一个字所包含的字符个数称为字长。数控程序中的字都是由一个英文字母与随后的若干位数字组成的，这个英文字母称为地址符，字的功能由地址符决定。地址符与后续数字之间可以加正负号。

（4）程序段格式。

数控程序由程序编号、程序内容和程序结束段组成。例如：

程序编号：O1000

程序内容：

N001 G92 X40.0 Y30.0 ；

N002 G90 G00 X28.0 T01 S800 M03 ；

N003 G01 X-8.0 Y8.0 F200 ；

N004 X0 Y0 ；

N005 X28.0 Y30.0 ；

N006 G00 X40.0 ；

程序结束段：N007 M02；

①程序编号。

采用程序编号地址码区分存储器中的程序，不同数控系统程序编号地址码不同，如日本 FANUC6 数控系统采用 O 作为程序编号地址码；美国的 AB8400 数控系统采用 P 作为程序编号地址码；德国的 SMK8M 数控系统采用%作为程序编号地址码。

②程序内容。

程序内容是整个程序的核心，由若干个程序段组成，每个程序段由一个或多个指令字构成，每个指令字由地址符和数字组成，它代表机床的一个位置或一个动作，每一程序段结束用";"号。

③程序结束段。

以程序结束指令 M02 或 M30 作为整个程序结束的符号。

程序段格式就是指程序段中功能字的书写和排列方式，特点如下：

①同一程序段中各个功能字的位置可以任意排列。

右侧二维码说明：数控车床编程视频讲解

如：N20　G01　X63.896　Y47.5　F50　S250　T02　M08；

可以写成：N20　M08　T02　S250　F50　Y47.5　X63.896　G01；

但是，为了书写、输入、检查和校对的方便，功能字在程序段中习惯上按一定的顺序排列：N、G、X、Y、Z、F、S、T、M。

②上一程序段中已经指定，本程序段中仍然有效的指令称为模态指令。对于模态指令，如果上一程序段中已经指定，本程序段中又不必变化，可以不再重写。

如：N20　G01　X63.896　Y47.5　F50　S250　T02　M08　N30　X89.4；

则 N30　X89.4 等效于 N30　G01　X89.4　Y47.5　F50　S250　T02　M08；

③各个程序段中功能字的个数及每个功能字的字长都是可变的，故字地址格式又称为可变程序段格式。

例如：在坐标功能字中的数字可省略前置零而只写有效数字，X0070.00 可以写成 X70.0。

2）字符及含义

字符表如表 1-15 所示。

表 1-15　字符表

字符	含义	字符	含义
A	绕 X 坐标的角度尺寸	N	程序段号
B	绕 Y 坐标的角度尺寸	O	不用
C	绕 Z 坐标的角度尺寸	P	平行于 X 坐标的第三坐标
D	第三进给速度功能	Q	平行于 Y 坐标的第三坐标
E	第二进给速度功能	R	平行于 Z 坐标的第三坐标
F	进给速度功能	S	主轴转速功能
G	准备功能	T	刀具功能
H	永不指定	U	平行于 X 坐标的第二坐标
I	圆弧起点对圆心的 X 坐标的增量值	V	平行于 Y 坐标的第二坐标
J	圆弧起点对圆心的 Y 坐标的增量值	W	平行于 Z 坐标的第二坐标
K	圆弧起点对圆心的 Z 坐标的增量值	X	X 坐标方向的主运动
L	永不指定	Y	Y 坐标方向的主运动
M	辅助功能	Z	Z 坐标方向的主运动

3）字的类别及功能

（1）程序名字。

程序名有两种形式：一种是由英文字母 O 和 1～4 位正整数组成的，例如：O0001、O1000、O9999 等；另一种是由英文字母开头，字母数字混合组成的。一般要求单列一段。

（2）准备功能字。

准备功能字由地址符 G 和两位数字（G00～G99）组成，又称 G 功能或 G 指令，它用来规定刀具和工件的相对运动轨迹、机床坐标系、坐标平面、刀具补偿、坐标偏置等多种加工操作。

G 功能指令根据功能的不同分成模态代码和非模态代码。模态代码表示该功能一旦被执行，则一直有效，直到被同一组的其他 G 功能指令注销。非模态代码只在有该代码的程序段中有效。在表 1-16 中 00 组的 G 代码称非模态代码，其余组为模态代码。模态 G 代码组中包含一个默认 G 功能（表中带有▲记号的 G 功能），通电时将被初始化为该功能。

没有共同地址符的不同组 G 代码可以放在同一程序段中，而且与顺序无关。例如 G97、G41 可与 G01 放在同一程序段。FANUC 0iT 数控车床常用的 G 功能指令如表 1-16 所示。

表 1-16　FANUC 0iT 数控车床常用的 G 功能指令

G 代码	组别	功能	程序格式及说明
G00▲	01	快速点定位	G00 X~Z~；
G01		直线插补	G01 X~Z~F~；
G02		顺时针圆弧插补	G02/G03 X~Z~R~F~；
G03		逆时针圆弧插补	G02/G03 X~Z~I~J~F~；
G04	00	暂停	G01 X~； 或 G01 P~；
G17	16	选择 XY 平面	G17；
G18▲		选择 ZX 平面	G18；
G19		选择 YZ 平面	G19；
G20	06	英制输入	G20；
G21▲		公制输入（mm）	G21；
G22	04	内部行程限位 有效	
G23		内部行程限位 无效	
G27	00	检查参考点返回	G27 X~Z~；
G28		参考点返回	G28 X~Z~；
G29		从参考点返回	G29 X~Z~；
G30		回到第二参考点	G30 X~Z~；
G32	01	螺纹切削	G32 X~Z~F~；（F 为螺纹导程）
G34		变螺距螺纹切削	G34 X~Z~F~K~；
G40▲	07	取消刀尖圆弧半径偏置	G40 G01 X~Z~F~；
G41		刀尖半径偏置左补偿	G41 G01 X~Z~D~F~；
G42		刀尖半径偏置右补偿	G42 G01 X~Z~D~F~；
G50	00	修改工件坐标；设置主轴最大的 RPM	G50 X~Z~；
G65	00	宏程序非模态调用	G65 P~L~；
G66	12	宏程序模态调用	G66 P~L~；
G67▲		宏程序模态调用取消	G67；

G 代码	组别	功能	程序格式及说明
G70		精车循环	G70 P~Q~ ;
G71		内外径粗切循环	G71 U~R~ ; G71 P~Q~U~W~F~ ;
G72		端面粗切循环	G72 W~R~ ; G72 P~Q~U~W~F~ ;
G73	00	仿形粗切封闭 粗切循环	G73 U~W~R~ ; G73 P~Q~U~W~F~ ;
G74		端面切槽循环	G74 R~ ; G74 X(U)~　Z(W)~　P~Q~R~F~ ;
G75		内外圆切槽循环	G75 R~ ; G75 X(U)~　Z(W)~　P~Q~R~F~ ;
G76		螺纹复合循环	G76 P~Q~R~ ; G76 X(U)~　Z(W)~　R~P~Q~F~ ;
G90		内外圆单一固定切削循环	G90 X~Z~F~ ; G90 X~Z~R~F~ ;
G92	01	切螺纹单一固定循环	G92 X~Z~F~ ; G92 X~Z~R~F~ ;
G94		端面切削循环	G94 X~Z~F~ ; G94 X~Z~R~F~ ;
G96	02	恒线速度控制	G96 S~ ;（m/min）
G97▲		每分钟转数	G97 S~ ;（r/min）
G98▲	05	每分钟进给	G98 F~ ;（mm/min）
G99		每转进给	G99 F~ ;（mm/r）

（3）辅助功能字。

辅助功能字由地址符 M 和两位数字（M00~M99）组成，又称 M 功能或 M 指令，主要用于控制数控机床各种辅助动作及开关状态，如主轴的正、反转，切削液的开、停，工件的夹紧、松开，程序结束等。常用的 M 指令由地址符 M 和其后的两位数字组成，M00~M99 共 100 种。

（4）坐标字。

坐标字由坐标地址符和带正、负号的数字组成，又称尺寸字或尺寸指令，例如：X-38.276。坐标字用来指定机床在各种坐标轴上的移动方向和位移量。地址符可以分为三组，第一组是 X、Y、Z、U、V、W、P、Q、R，用来指定到达点的直线坐标尺寸；第二组是 A、B、C、D、E，用来指定到达点的角度坐标；第三组是 I、J、K，用来指定圆弧圆心点的坐标尺寸。但也有一些特殊情况，例如有些数控系统用 P 指定暂停时间，用 R 指定圆弧半径等。

（5）进给功能字。

进给功能字由地址符 F 和数字组成，又称 F 功能或 F 指令，用来控制切削进给量，有两种使用方法：

①每转进给量。

编程格式：G95 F~　　　（F 后面的数字表示主轴每转进给量，单位为 mm/r）。

例：G95 F0.2 表示进给量为 0.2 mm/r。

②每分钟进给量。

编程格式：G94 F~　　　（F 后面的数字表示主轴每分钟进给量，单位为 mm/min）。

例：G95 F100 表示进给量为 100 mm/min。

车床编程缺省情况下使用每转进给量，应该注意的是，在螺纹切削程序段中，F 常用来指定螺纹导程。铣床编程缺省情况下使用每分钟进给量。

（6）主轴转速功能字。

①最高转速限制。

编程格式：G50 S~　　　（S 后面的数字表示的是最高转速，单位为 r/min）。

例：G50 S3000 表示最高转速限制为 3 000 r/min。

②恒线速度控制。

编程格式：G96 S~　　　（S 后面的数字表示的是恒定的线速度，单位为 m/min）。

例：G96 S100 表示切削点线速度控制在 100 m/min。

③恒线速度取消。

编程格式：G97 S~　　　（S 后面的数字表示恒线速度控制取消后的主轴转速，如 S 未指定，将保留 G96 的最终值）。

例：G97 S2000 表示恒线速度控制取消后主轴转速为 2 000 r/min。

（7）刀具功能字。

刀具功能字由地址符 T 和数字组成，又称 T 功能或 T 指令。T 指令主要用来指定加工时所使用的刀具号。对于车床，其后的数字还兼作指定刀具长度补偿和刀尖半径补偿。

在车床上，T 之后一般跟四位数字，前两位是刀具号，后两位是刀具补偿号。如：T0303 表示使用第三把刀具，并调用第三组刀具补偿值。

铣床和加工中心的刀具功能往往比较复杂，各系统差别也较大。多数数控系统中，T 后的数字只表示刀具号，且多数系统使用 M06 换刀指令。如：M06 T05 表示将原来的刀具换成 5 号刀。

（8）程序段号字。

程序段号字就是顺序号字（也可省略）。程序段号由地址符 N 及数字组成，如 N0010，段号之间的间隔不要求连续，以便于程序修改和编辑。程序段号既可以用在主程序中，也可以用在子程序和宏程序中。很多现代数控系统都不要求程序段号，即程序段号可有可无。另外，编写程序时可以不写程序段号，程序输入数控系统后可以通过系统设置自动生成程序段号。

程序段号是数控加工程序中用得最多又最不容易引起人们重视的一种程序字。顺序号字一般位于程序段开头，它由地址符 N 和随后的 1~4 位数字组成。顺序号字可以用在主程序、子程序和用户宏程序中。

使用顺序号字应注意如下的问题：

数字部分应为正整数，所以最小顺序号是 N1，不建议使用 N0；

顺序号字的数字可以不连续使用，也可以不从小到大使用；

顺序号字不是程序段必用字，对于整个程序，可以每个程序段均有顺序号字，也可以均没有顺序号字，也可以部分程序段设有顺序号字。

顺序号字的作用：①便于人们对程序做校对和检索修改。②用于加工过程中的显示屏显示。③便于程序段的复归操作。此操作也称"再对准"，如回到程序的中断处，或加工从程序的中途开始的操作。④主程序或子程序或宏程序中用于条件转向或无条件转向的目标。

数控系统的种类很多，不同的数控系统所使用的数控程序的语言规则和格式并不相同，数控程序必须严格按照机床编程手册中的规定编制。

5. 数控机床的坐标系

1）坐标系

为描述机床运动，简化程序编写方法，数控机床必须有一个坐标系才行。我们把这种机床固有的坐标系称为机床坐标系，也称为机械坐标系，目前国际上已统一了数控机床坐标系标准，我国也制定了 GB/T 19660—2005 国家标准予以规定刀具相对于静止工件而运动的原则。

数控机床的坐标系
视频讲解

在数控机床上，不论是刀具运动还是工件运动，一律以刀具运动为准，工件看成是不动的。这样，可以按工件轮廓确定刀具加工轨迹。

标准坐标系采用右手直角笛卡儿坐标系，如图 1-15 所示。

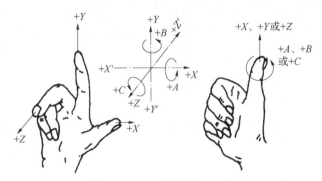

图 1-15　标准坐标系采用右手直角笛卡儿坐标系

右手的大拇指、食指和中指保持相互垂直，拇指的方向为 X 轴的正方向，食指为 Y 轴的正方向，中指为 Z 轴的正方向。围绕 X、Y、Z 各轴的旋转运动分别用 A、B、C 表示，其正向用右手螺旋法则确定。

机床的直线坐标轴 X、Y、Z 的判定顺序是：先 Z 轴，再 X 轴，最后按右手定则

判定 Y 轴，且规定增大工件与刀具之间距离的方向为坐标轴正方向。

数控车床的 Z 轴为主轴，指向尾座的方向为正。X 轴的方向是在工件的径向上，且平行于横向滑座，刀具远离主轴中心的方向为 X 轴的正方向。图 1-16、图 1-17 所示为数控车床坐标系。

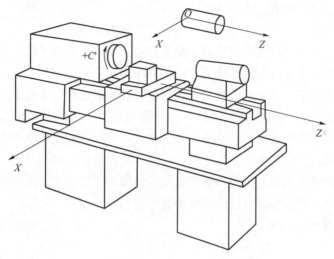

图 1-16 平床身前置刀架式数控车床坐标系

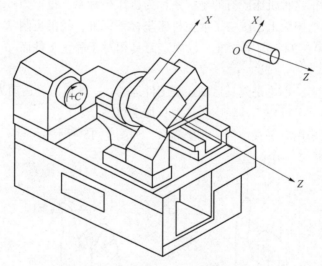

图 1-17 斜床身后置刀架式数控车床坐标系

2）机床原点

机床原点是指在机床上设置的一个固定点。在数控车床上，机床原点一般取在卡盘端面与主轴中心线的交点处，如图 1-18 所示。通过设置参数的方法，也可将机床原点设定在 X、Z 坐标的正方向极限位置（极限位置是由行程开关控制）上。

3）机床参考点

机床参考点是指机床坐标系中一个固定不变的点，是机床各运动部件在各自的正向自动退至极限的一个点（由限位开关精密定位），如图 1-18 所示。机床参考点已由机床制造厂测定后输入数控系统，并记录在机床说明书中，用户不得更改。

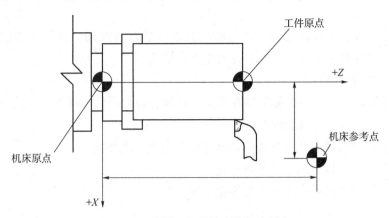

图 1-18　前置刀架数控车床机床原点

实际上，机床参考点是机床上最具体的一个机械固定点，既是运动部件返回时的一个固定点，又是各轴启动时的一个固定点，而机床零点（机床原点）只是系统内运算的基准点，处于机床何处无关紧要。机床参考点对机床原点的坐标是一个已知定值，可以根据该点在机床坐标系中的坐标值间接确定机床原点的位置。

在机床接通电源后，通常要做回零操作，使刀具或工作台运动到机床参考点。注意，通常我们所说的回零操作，其实是指机床返回参考点的操作，并非返回机床零点。当返回参考点的工作完成后，显示器即显示出机床参考点在机床坐标系中的坐标值，表明机床坐标系已经自动建立。机床在回参考点时所显示的数值表示参考点与机床零点间的工作范围，该数值被记忆在 CNC 系统中，并在系统中建立了机床零点作为系统内运算的基准点。也有机床在返回参考点时，显示为零（X0，Y0，Z0），这表示该机床零点建立在参考点上。

4）编程原点

编程原点（即工件原点）是根据加工零件图样及加工工艺要求选定的编程坐标系的原点。为了利于编程，工件原点应尽量选择在零件的设计基准或工艺基准上，编程坐标系（即工件坐标系）中各坐标轴的方向应该与所使用的数控机床坐标系相应的坐标轴方向一致。

6. 数控车削刀具

1）刀具材料应具备基本性能

刀具材料的选择对刀具寿命、加工效率、加工质量和加工成本等的影响很大。刀具切削时要承受高压、高温、摩擦、冲击和振动等作用。因此，刀具材料应具备以下一些基本性能：

数控车削刀具
视频讲解

（1）高硬度和耐磨性。刀具材料的硬度必须高于工件材料的硬度，一般要求在 60 HRC 以上。刀具材料的硬度越高，耐磨性就越好。

（2）足够的强度和韧性。刀具材料应具备较高的强度和韧性，以便承受切削力、冲击和振动，防止刀具脆性断裂和崩刃。

（3）耐热性。刀具材料的耐热性要好，能承受高的切削温度，具备良好的抗氧化能力。

（4）工艺性能和经济性。刀具材料应具备好的锻造性能、热处理性能、焊接性能、磨削加工性能等，而且要追求高的性能价格比。

2）数控刀具的特点

相比于普通加工，数控加工具有高速、高效、高自动化等特点，数控刀具为了适应数控加工的需要，有以下特点：

（1）刀片和刀具的几何参数和切削参数规范化、典型化。

（2）刀片或刀具使用寿命的合理化。

（3）刀片和刀具的通用化、规格化、系列化。

（4）刀具的精度较高。

（5）刀柄具有高强度、高刚性和高耐磨性。

（6）刀具尺寸便于调整。

3）数控刀具的使用要求

（1）有很高的切削效率。

（2）有很高的精度和重复定位精度。

（3）有很高的可靠性和使用寿命。

（4）可以实现刀具的预调和快速换刀，提高加工效率。

（5）具有完善的模块化工具系统，可以储存必要的刀具。

（6）建立完备的刀具管理系统，以便可靠、高效、有序地管理刀具系统。

（7）要有在线监控及尺寸补偿系统，监控加工过程中刀具的状态。

4）常见刀具材料

常见刀具材料如表 1-17 所示。

表 1-17　常见刀具材料

序号	材料名称	性能特点	用途
1	高速工具钢	高速工具钢是加入了较多钨、铬、铝、钒等合金元素的高合金工具钢。高速工具钢具有较高的硬度和耐热性，尤其是其热硬性较好（在 600 ℃ 时硬度为 47~48.5 HRC），有较高的强度和韧性，并且高速工具钢的制造工艺性良好，刀具制造简单，能锻造，容易刃磨成锋利的切削刃，故又称为锋钢。按照用途不同可分为通用型高速工具钢和高性能高速工具钢；按制造工艺方法不同可分为熔炼高速工具钢和粉末冶金高速工具钢。常见的高速工具钢牌号有 W18Cr4V、W2Mo9Cr4VCo8 等	高速工具钢主要用于中、低速切削的刀具以及复杂刀具（如钻头、丝锥、成形刀具、拉刀等）的制造

序号	材料名称	性能特点	用途
2	硬质合金	硬质合金是由难熔金属的硬质化合物[如碳化钨（WC）、碳化钛（TC）、碳化钽（TaC）、碳化铌（NbC）等]的微粉和粘结金属[钴（Co）、镍（Ni）、钼（Mo）等]通过粉末冶金工艺制成的一种合金材料。硬质合金具有硬度高（可达78～82 HRC）、耐磨、强度较好、耐热、耐蚀等一系列优良性能，特别是它的高硬度和耐磨性尤为突出，在1 000 ℃时仍有很高的硬度。但其韧性差、脆性大，承受冲击和抗弯曲能力低，制造工艺性差，一般将硬质合金刀片焊接或机械夹固在刀体上使用	硬质合金广泛用作刀具材料，如车刀、铣刀、刨刀、钻头、镗刀等，用于切削铸铁、有色金属、塑料、化纤、石墨、玻璃、石材和普通钢材，也可以用来切削耐热钢、不锈钢、高锰钢、工具钢等难加工的材料。国际标准化组织（ISO）将硬质合金分为三类，用K、M、P表示。K类相当于我国的钨钴类（YG）硬质合金，主要用于加工铸铁、有色金属和非金属材料，外包装用红色标志。P类相当于我国的钨钴钛类（YT）硬质合金，主要用于加工切削呈带状的钢料等塑性材料，外包装用蓝色标志。M类相当于我国的钨钛钽（铌）钴类（YW）硬质合金，主要用于加工铸铁、有色金属以及钢材，又称为通用硬质合金，外包装用黄色标志
3	陶瓷刀具材料	陶瓷刀具是以氧化铝（Al_2O_3）或氮化硅（SiN）为基体，在高温下压制成形后烧结而成的一种刀具材料。它具有很高的硬度和耐磨性，硬度可达78 HRC，化学性能稳定，加工表面粗糙度值较小，耐热性可达1 200 ℃以上，耐磨性比硬质合金高十几倍，但抗弯强度低，冲击韧性差	主要用于钢、铸铁、有色金属、高硬度材料及大件和高精度零件的精加工
4	金刚石	金刚石是已知的最硬物质。它有天然和人造两种，工业上主要用人造金刚石。它硬度高，但韧性差，因在高温下易与黑色金属发生化学反应，故不宜用于加工黑色金属	主要用于有色金属以及非金属材料的高速精加工
5	立方氮化硼	立方氮化硼由软的六方氮化硼经高温高压转变而成。它有仅次于金刚石的硬度和耐磨性，耐热性高达1 400 ℃，化学稳定性好，不易与黑色金属发生化学反应。但强度低、焊接性差	主要用于淬硬钢、冷硬铸铁、高温合金和一些难加工材料的半精加工、精加工
6	刀具表面涂层材料	表面涂层是在硬质合金或高速工具钢刀具基体上，涂覆一层或多层耐磨性高的难熔金属化合物。涂层硬质合金一般采用化学气相沉积法（CVD法），涂层高速工具钢一般采用物理气相沉积法（PVD法）。表面涂层厚度一般为5～13 μm。通过涂层方法，使刀具既有基体材料的强度和韧性，又有很高的耐磨性。常用的涂层材料有TiC、TiN、Al_2O_3等。表面涂层可以提高刀具的表面硬度，降低摩擦因数，使刀具磨损显著降低，在相同刀具寿命的前提下，可提高切削速度30%～50%，或者相同切削速度之下使刀具寿命提高数倍	表面涂层刀具主要用于各种钢材、铸铁的精加工和半精加工或负担较轻的粗加工

5）数控车床常用刀具

车床主要用于回转表面的加工，如内外圆柱面、圆锥面、圆弧面、螺纹，如图 1-19 所示。

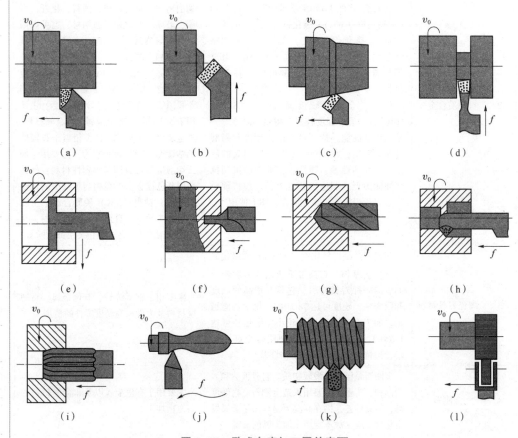

图 1-19　卧式车床加工零件表面

（a）车外圆；（b）车端面；（c）车锥面；（d）切槽、切断；（e）切内槽；（f）钻中心孔；

（g）钻孔；（h）镗孔；（i）铰孔；（j）车成形面；（k）车外螺纹；（l）滚花

（1）外圆车刀。

常用外圆车刀有主偏角 45°、主偏角 75°、主偏角 93°、主偏角 95° 和主偏角 117.5° 等，如图 1-20 所示。主偏角 45° 和主偏角 75° 车刀常用于车端面；主偏角 93° 和主偏角 95° 车刀常用于车外圆、台阶和仿形加工。

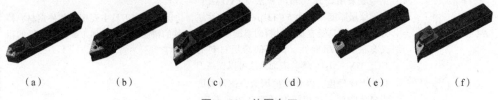

图 1-20　外圆车刀

（a）45°车刀；（b）75°车刀；（c）93°车刀；（d）93°仿形车刀；（e）95°车刀；（f）117.5°车刀

（2）内孔车刀。

常用的内孔车刀有通孔车刀和不通孔车刀之分。通孔车刀主偏角小于90°，不通孔车刀主偏角大于90°。刀柄直径需根据加工孔径选择，如图1-21所示。

图 1-21 内孔车刀

（3）切槽刀。

外圆切槽刀，常用于外沟槽的加工，一般根据槽宽选择相应的刀片，如图1-22（a）所示。

内圆切槽刀，常用于内沟槽的加工，一般根据槽宽选择相应的刀片，如图1-22（b）所示。刀柄直径需根据加工孔径选择。

端面切槽刀，常用于端面沟槽的加工，如图1-22（c）所示。

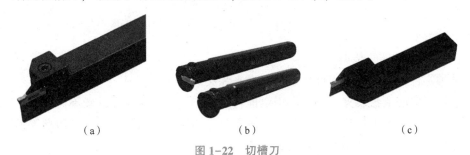

| （a） | （b） | （c） |

图 1-22 切槽刀

（a）外圆切槽刀；（b）内圆切槽刀；（c）端面切槽刀

（4）螺纹车刀。

外螺纹车刀，常用于外螺纹加工，一般需根据螺距选择相应的刀片，如图1-23（a）所示。

内螺纹车刀，常用于内螺纹加工，一般需根据螺距选择相应的刀片，如图1-23（b）所示。刀柄直径需根据加工孔径选择。

7. 数控车床加工工艺

1）工件在数控车床上的装夹

在数控车床上加工零件，应按工序集中的原则划分工序，在一次装夹下尽可能完成大部分甚至全部表面的加工。根据零件的结构形状不同，通常选择外圆装夹，并力求使设计基准、工艺基准和编程基准统一。

数控车床加工工艺视频讲解

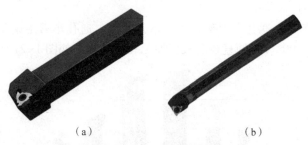

（a）   （b）

图 1-23　螺纹车刀

（a）外螺纹车刀；（b）内螺纹车刀

为了充分发挥数控机床高速度、高精度、高效率的特点，在数控加工中，还应该与数控加工相适应的夹具配合。数控车床夹具可分为用于轴类工件的夹具和用于盘类工件的夹具两大类。常见车床夹具如图 1-24 所示。

（a）   （b）   （c）   （d）

图 1-24　常见车床夹具

（a）三爪卡盘；（b）四爪卡盘；（c）顶尖；（d）中心架

（1）轴类零件的装夹。

轴类零件常以外圆柱表面作定位基准来装夹。

①用自定心卡盘装夹。自定心卡盘能自动定心，工件装夹后一般不需要找正，装夹效率高，但夹紧力较单动卡盘小，只限于装夹圆柱形、正三边形、六边形等形状规则的零件。如果工件伸出卡盘较长，仍需找正。

②用单动卡盘装夹。由于单动卡盘的四个卡爪是各自独立运动的，因此必须通过找正使工件的旋转中心与车床主轴的旋转中心重合，才能车削。单动卡盘的夹紧力较大，适合于装夹形状不规则及直径较大的工件。

③在两顶尖间装夹。对于长度较长或必须经过多次装夹加工的轴类零件，或工序较多，车削后还要铣削和磨削的轴类零件，应采用两顶尖装夹，以保证每次装夹时的装夹精度。

④用一夹一顶装夹。由于两顶尖装夹刚性较差，因此在车削一般轴类零件，尤其是较重的工件时，常采用一夹一顶装夹。为了防止工件的轴向位移，须在卡盘内装一个限位支承，或利用工件的台阶作限位。由于一夹一顶装夹工件的安装刚性好，轴向定位正确且比较安全，能承受较大的轴向切削力，因此应用很广泛。

除此以外，根据零件的结构特征，轴类零件还可以采用自动夹紧拨动卡盘、自定心中心架和复合卡盘装夹。

（2）盘类零件的装夹。

用于盘类零件的夹具主要有可调卡爪式卡盘和快速可调卡盘两种。快速可调卡盘的结构刚性好、工作可靠，因而广泛用于装夹法兰等盘类及杯形工件，也可用于装夹不太长的柱类工件。

在数控车削加工中，常采用以下装夹方法来保证零件的同轴度、垂直度要求。

①一次安装加工。它是在一次安装中把零件全部或大部分尺寸加工完的一种装夹方法。此方法没有定位误差，可获得较高的几何精度，但需经常转换刀架，变换切削用量，尺寸较难控制。

②以外圆为定位基准装夹。零件以外圆为基准保证位置精度时，零件的外圆和一个端面必须在一次安装中进行精加工后，方能作为定位基准。以外圆为基准时，常用软卡爪装夹零件。

③以内孔为定位基准装夹。中小型轴套、带轮、齿轮等零件，常以零件内孔作为定位基准安装在芯轴上，以保证零件同轴度和垂直度的要求。常用的芯轴有实体芯轴和胀力芯轴两种。

2）切削用量的选择

数控车削加工中的切削用量包括背吃刀量 a_p、主轴转速 n 或切削速度 v_c（用于恒线速度切削）、进给速度 v_f 或进给量 f。这些参数均应在机床给定的允许范围内选取。

（1）切削用量的选用原则。

粗车时，应尽量保证较高的金属切除率和必要的刀具寿命。应首先选取尽可能大的背吃刀量 a_p，其次根据机床动力和刚性的限制条件，选取尽可能大的进给量 f，最后根据刀具寿命要求确定合适的切削速度 v_c。增大背吃刀量 a_p 可使进给次数减少，增大进给量 f 有利于断屑。

精车时，要求加工精度较高，表面粗糙度值较小，加工余量小且较均匀，所以选择切削用量时应着重考虑如何保证加工质量，并在此基础上尽量提高生产率。因此，精加工时应选用较小（但不能太小）的背吃刀量和进给量，并选用性能高的刀具材料和合理的几何参数，以尽可能提高切削速度。

①背吃刀量的确定。

粗加工时，除留下精加工余量外，一次进给尽可能切除全部余量。在加工余量过大、工艺系统刚性较低、机床功率不足、刀具强度不够等情况下，可分多次进给。切削表面有硬皮的铸锻件时，应尽量使 a_p 大于硬皮层的厚度，以保护刀尖。

精加工的加工余量一般较小，可一次切除。

在中等功率机床上，粗加工的背吃刀量可达 8~10 mm；半精加工的背吃刀量取 0.5~5 mm；精加工的背吃刀量取 0.2~1.5 mm。

②进给速度（进给量）的确定。

进给速度是数控机床切削用量中的重要参数，主要根据零件的加工精度和表面粗糙度要求以及粗加工对工件的表面质量没有太高的要求，这时根据机床进给机构的强度和刚性、刀杆的强度和刚性、刀具材料、刀杆和工件尺寸以及已选定的背吃刀量等因素选取进给速度。

精加工时，则按表面粗糙度要求、刀具及工件材料等因素选取进给速度。

可使用下式实现进给速度与进给量的转化

$$v_f = fn$$

式中，v_f——进给速度（mm/min）；

f——每转进给量，一般粗车取 0.3~0.8 mm/r，精车取 0.1~0.3 mm/r，切断取 0.05~0.2 mm/r；

n——主轴转速（r/min）。

③切削速度的确定。

切削速度 v_c 可根据已经选定的背吃刀量、进给量及刀具寿命进行选取，也可根据生产实践经验和通过查表的方法来选取。

粗加工或工件材料的加工性能较差时，宜选用较低的切削速度。精加工或刀具材料、工件材料的切削性能较好时，宜选用较高的切削速度。

切削速度 v_c 确定后，可根据刀具或工件直径按下面的公式确定主轴转速。

$$n = 1\,000\,v_c/(\pi d)$$

式中，v_c——切削速度（m/min）；

n——主轴转速（r/min）；

d——工件直径或刀具直径（mm）。

实际生产中，切削用量一般根据经验并通过查表的方式进行选取。常用硬质合金或涂层硬质合金刀具切削不同材料时的切削用量推荐值如表 1-18 和表 1-19 所示。

表 1-18　硬质合金刀具切削用量推荐表

刀具材料	工件材料	粗 加 工			精 加 工		
		切削速度 /(m·min⁻¹)	进给量 /(mm·r⁻¹)	背吃刀量/mm	切削速度 /(mm·r⁻¹)	进给量 /(m·min⁻¹)	背吃刀量/mm
硬质合金	碳钢	220	0.2	3	260	0.1	0.4
	低合金钢	180	0.2	3	220	0.1	0.4
	高合金钢	120	0.2	3	160	0.1	0.4
	铸铁	80	0.2	3	120	0.1	0.4
	不锈钢	80	0.2	2	60	0.1	0.4
	钛合金	40	0.2	1.5	150	0.1	0.4
	灰铸铁	120	0.2	2	120	0.15	0.5
	球墨铸铁	100	0.2 0.3	2	120	0.15	0.5
	铝合金	1 600	0.2	1.5	1 600	0.1	0.5

表 1-19　涂层硬质合金刀具切削用量推荐表

工件材料	加工内容	背吃刀 a_p/mm	切削速度 v_c/(m·min⁻¹)	进给量 f/(mm·r⁻¹)	刀具材料
碳素钢 $\sigma_b > 600$ MPa	粗加工	5~7	60~80	0.2~0.4	YT 类
	粗加工	2~3	80~120	0.2~0.4	
	精加工	2~6	120~150	0.1~0.2	

工件材料	加工内容	背吃刀 a_p/mm	切削速度 v_c/(m·min^{-1})	进给量 f/(mm·r^{-1})	刀具材料
碳素钢 $\sigma_\text{b}>600$ MPa	钻中心孔		500~800		W18Cr4V
	钻孔		25~30	钻孔	
	切断（宽度<5 mm）		70~110	0.1~0.2	YT 类
铸铁 HBS<200	粗加工		50~70	0.2~0.4	YG 类
	精加工		70~100	0.1~0.2	
	切断（宽度<5 mm）	50~70	0.1~0.2		
	切断（宽度<5 mm）	50~70	0.1~0.2	切断（宽度<5 mm）	

（2）选择切削用量时应注意的几个问题：

①主轴转速。

应根据零件上被加工部位的直径，并按零件和刀具的材料及加工性质等条件所允许的切削速度来确定。切削速度除了通过计算和查表选取外，还可根据实践经验确定。需要注意的是，交流变频调速数控车床低速输出转矩小，因而切削速度不能太低。根据切削速度可以计算出主轴转速。

②车螺纹时的主轴转速。

数控车床加工螺纹时，因其传动链的改变，原则上其转速只要能保证主轴每转一周时，刀具沿主进给轴（多为 Z 轴）方向移一个螺距即可。

在车削螺纹时，车床的主轴转速将受到螺纹的螺距 P（或导程 P）大小、驱动电动机的升降频率特性以及螺纹插补运算速度等多种因素影响，故对于不同的数控系统，推荐不同的主轴转速选择范围。大多数经济型数控车床推荐车螺纹时的主轴转速为

$$n=(1\,200/P)-k$$

式中，n——主轴转速（r/min）；

P——被加工螺纹螺距（mm）；

k——保险系数，一般取 80。

数控车床车螺纹时，会受到以下几方面的影响：

a. 螺纹加工指令中的螺距值，相当于以进给量 f(mm/r)表示的进给速度 v_f。如果将机床的主轴转速选择过高，则换算后的进给速度 v_f(mm/min)必定大大超过正常值。

b. 刀具在其位移过程的始终都将受到伺服驱动系统升降频率和数控装置插补运算速度的约束，由于升降频率特性满足不了加工需要等原因，则可能因主进给运动产生的"超前"和"滞后"而导致部分螺纹的螺距不符合要求。

c. 车削螺纹必须通过主轴的同步运行功能而实现，即车削螺纹需要有主轴脉冲发生器（编码器），当其主轴转速选择过高时，通过编码器发出的定位脉冲（即主轴每转一周所发出的一个基准脉冲信号）将可能因"过冲"（特别是当编码器的质量不稳定时）而导致工件螺纹产生乱牙（俗称"乱扣"）。所加工螺纹的螺距越大，主轴转速越低。

二、数控车床操作

1. FANUC 0iT 数控车床操作面板

FANUC 0iT 数控车床操作面板如图 1−25 所示。系统面板上各按钮的功能如表 1−20~表 1−23 所示。

数控车床操作面板视频讲解

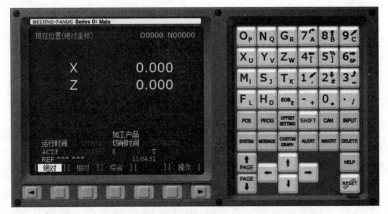

图 1−25　FANUC 0iT 数控车床操作面板

表 1−20　页面切换键

按　键	功　能　说　明
POS	位置显示页面，位置显示有三种方式
PROG	数控程序显示与编辑页面。在编辑方式下，编辑和显示内存中的程序；在 MDI 方式下，输入和显示 MDI 数据
OFFSET SETTING	参数输入页面。按第一次进入坐标系设置页面，按第二次进入刀具补偿参数页面。进入不同的页面以后，用 PAGE 键切换
SYSTEM	系统参数页面，此页面可以查看系统参数
MESSAGE	信息页面，如"报警"信息查看
CUSTOM GRAPH	图形参数设置页面
INPUT	输入键。把输入域内的数据输入参数页面或者输入一个外部的数控程序
HELP	系统帮助页面
RESET	复位键，可以使用 CNC 复位或者解除报警

表 1-21　编辑键

按　键	功　能　说　明
ALERT	替代键，用于输入的数据替代光标所在处的数据
DELETE	删除键，删除光标所在处的数据；也可删除一个数控程序或者删除全部的数控程序
INSERT	插入键，把输入域之中的数据插入当前光标之后的位置
CAN	修改键，消除输入域内的数据
EOB_E	回撤换行键，结束一行程序的输入并且换行
SHIFT	上档键
↑ PAGE	向上翻页
PAGE ↓	向下翻页

表 1-22　光标移动（CURSOR）

按　键	功　能　说　明
↑	向上移动光标
↓	向下移动光标
←	向左移动光标
→	向右移动光标
	软键，根据不同的画面，软键有不同的功能。软键功能显示在屏幕的底端
►	菜单继续键（最右边的软键）
◄	菜单返回键（最左边的软键）

表 1-23 数字/字母键

按　键	功 能 说 明
O_P N_Q G_R 7_A 8_B 9_C X_U Y_V Z_W 4_↑ 5_↓ 6_→ M_I S_J T_K 1_← 2_↓ 3_← F_L H_D EOB_E - + . ·	数字/字母键用于输入数据/字母到输入区域，系统自动判别取字母还是取数字

2. 数控车床程序输入及检验

数控车床操作面板如图 1-26 所示。

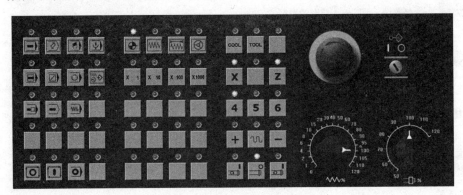

图 1-26 数控车床操作面板

操作面板上各按钮及开关的功能如表 1-24 所示。

表 1-24 操作面板上各按钮及开关的功能

按钮/旋钮	功 能 说 明
	编辑 EDIT 模式，用于编程零件加工程序
	自动 AUTO 模式，用于零件的自动加工
	单段 MDI 模式，用于单段程序的输入和运行
	文件传输 DNC 模式，用于计算机自动编程后程序文件传输机床
	机械回零 REF 模式，用于刀架回到机械原点
	手动 JOG 模式，手动移动刀具

按钮/旋钮	功 能 说 明
	手动脉冲 INC 模式
	手轮 HNDL 模式，使用手轮精确调节机床；其中×1 为 0.001 mm，×10 为 0.01 mm，×100 为 0.1 mm
	主轴转速调节旋钮，即改变 S 代码的速度，使之按主轴的转速调整 50%～120%的倍率发生变化，此开关在任何工作状态下均起作用
	用于在刀架进行自动运行时调整进给倍率，在 0～150%区间调节。在刀架进行点动时，可以选择点动进给量；当选择空运行时，自动进给操作的 F 码无效
	按下此按钮，使用编辑及手动方式输入 NC 控制机内的程序被自动执行，在执行程序时，该按钮内的指示灯亮，当执行完毕时指示灯灭
	当机床在自动循环操作中，按下此按钮，刀架运动立即停止，循环启动指示灯，[进给保持] 按钮指示灯亮。[循环启动] 按钮可以消除进给保持，使机床继续工作。在 [进给保持] 状态下，可以对机床进行任何的手动操作
	手持单元也称手轮或手摇脉冲发生器。常用螺旋软线与车床操作面板相连，便于对刀、找正工件。手轮可使车床定量进给。将状态开关选在 "X 手摇" 或 "Z 手摇" 状态与倍率开关×1、×10、×100 配合使用，通过摇动旋钮实现刀架移动。每摇一个刻度，刀架将走 0.001 mm、0.01 mm、0.1 mm
TOOL	手动换刀按钮。在手动状态，按下此键，刀架转过一个工位并在最近的一个工位停止锁紧，如果继续按下不松开，刀架始终转位。手动转位只能一个方向。在 MDI 和自动状态下，手动换刀失效
COOL	冷却液开启，手动模式下可开启冷却功能
	主轴正转

按钮/旋钮	功 能 说 明
	主轴反转
	主轴停止
	手动移动机床各轴按钮
	单步执行按钮，单步执行有效时，每按一次，程序启动执行一条程序指令
	机床空运行按钮。执行程序时按下此按钮，各编程轴不再按编程速度运动，而是按预先设定的空运行速度高速移动
	程序跳步，自动方式下，跳过程序中带有"/"符号的程序段
	机床锁定按钮。按下此按钮，机床各轴被锁住，只能程序运行
	程序保护按钮。程序保护处于开的状态时，程序保护无效，即可对内存程序进行编辑、修改，当程序保护处于关的状态时，内存程序将受到保护，即不可对内存程序进行编辑、修改
	紧急停止按钮。按下此按钮，使机床紧急停止，断开机床主电源。主要应付突发事件，防止撞车事故发生。解除需要旋转此按钮，系统需要重新复位

3. 数控车床操作

1）打开机床电源

步骤 1：按下紧急停止旋钮；

步骤 2：接通机床电源；

步骤 3：接通系统电源，检查 CRT 画面内容；

步骤 4：检查面板上的指示灯是否正常；

步骤 5：检查风扇电动机是否正常。

2）返回机床参考点

机床打开后，必须进行回参考点的操作。因为机床在断电后就失去了对各坐标位置的记忆，所以在接通电源后，必须让各坐标值回参考点。其具体操作步骤如下：

（1）将模式选择为机械回零 REF 模式。

（2）首先，使 X 轴回参考点。按下【+X】按钮，使滑板沿 X 轴正向移向参考点，在移动过程中操作者应长按【+X】按钮，直到回零参考点指示灯闪亮，再松开按钮，X 轴已返回参考点。

（3）再使 Z 轴回参考点。按下【+Z】按钮，使滑板沿 Z 轴正向移向参考点，在移动过程中，操作者应长按【+Z】按钮，直到回零参考点指示灯闪亮，再松开按钮，Z 轴返回参考点，此时数控车床的操作面板如图 1-27 所示。

图 1-27　数控车床的操作面板

3）手动进行 X、Z 轴的移动

手动/连续方式的作用是快速移动刀架到目的地，操作步骤如下：

（1）选择手动 JOG 模式。

（2）按下按钮（可同时按下快速进给键）选择要移动的轴方向，快速准确地移动刀架。

4）装夹工件毛坯

数控车床上一般选用三爪自定心液压卡盘，安装工件操作步骤如下：

（1）根据工件的尺寸调整卡爪的位置。

（2）按下工件夹紧开关（CHUCK键），把工件水平装入三爪卡盘内，并调整好夹持工件的位置。

（3）再按下工件夹紧开关（CHUCK键），三爪卡盘自动夹紧工件。

> 注意：工件装上后，操作者需要检测工件有没有装好，一方面要检查工件有没有夹紧，以免加工时工件飞出伤人，另一方面要检查工件是否装正，可以通过手动方式让主轴以一定的转速旋转，观察工件是否摆动正常，如果工件摆动太大，需要重新装夹工件。

5）装夹刀具并校正

车刀安装时应注意以下问题：

（1）车刀安装时其底面应清洁，无粘着物。若使用垫片调整刀尖高度，垫片应平直，最多不能超过3块。如果内侧面和外侧面需作安装的定位面，则应擦净。

（2）刀杆伸出长度在满足加工需要下尽可能短，一般伸出长度是刀杆高度的1.5倍。如果确实要伸出较长才能满足加工需要，不能超过刀杆高度的3倍。

（3）车刀刀杆中心线应与进给方向垂直。车刀刀尖应与工件中心等高，如果刀尖不对中心，会留有凸头或崩刃，如图1-28所示。为使车刀刀尖对准工件中心，可根据机床尾座顶尖的高低装刀。

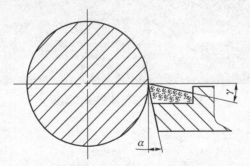

图1-28 车刀刀尖应与工件中心等高

6）采用试切法对外圆车刀进行对刀

数控车床对刀视频讲解　　　　数控车床多把刀对刀视频讲解

对刀的目的是确定程序原点在机床坐标系中的位置，对刀点可以设在零件上、夹具上或机床上，常见的是将工件右端面中心点设为工件坐标系原点。对刀时应使对刀点与刀位点重合。

数控车床常用的对刀方法有三种：试切对刀、机械对刀仪对刀（接触式）、光学对刀仪对刀（非接触式）。我们常用的为试切对刀法。试切法对刀是用所选的刀具试切零件的外圆和端面，经过测量和计算得到零件端面中心点的坐标值。

试切法对刀的操作步骤：

（1）X 轴对刀步骤。

①选择手轮 HND 模式。单击 MDI 键盘的 POS 按钮，此时 CRT 界面上显示坐标值，利用 AXIS 旋钮和操作面板上的 按钮，用手轮方式将刀具移动至靠近工件外圆面要试切外圆的适当位置，如图 1-29 所示。

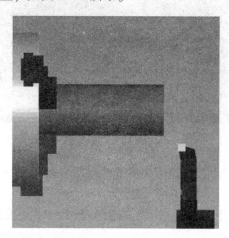

图 1-29　车床对刀

②在 MDI 方式下，输入 M03 S+转速值（如 S600）将主轴正转，刀具进行外圆试切（图 1-30），切完后沿 Z 轴正向退出，如图 1-31 所示（注：此时车削完后 X 轴不能动，只能把 Z 轴往正方向退出）。

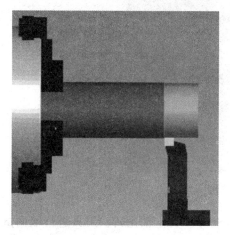

图 1-30　车外圆

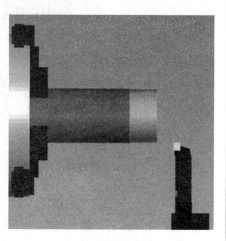

图 1-31　退刀

③按主轴停止，用外径千分尺测量工件车削后外圆的直径值（假设直径为X28.0）。

④将系统操作面板切换至录入方式（MDI），其界面如图 1-32 所示，在 G54 坐标系下输入"X28.0"，按"测量"键。

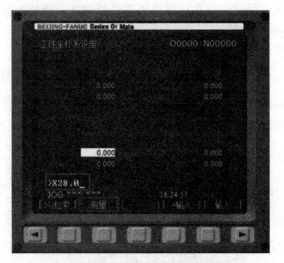

图 1-32　X 轴坐标系设置界面

⑤X 轴对刀完成，把刀具移到适当位置，以便 Z 轴对刀。

（2） Z 轴对刀步骤。

①在手轮 HND 方式下将刀具移动至靠近车削工件端面位置，进行端面试切，如图 1-33 所示。

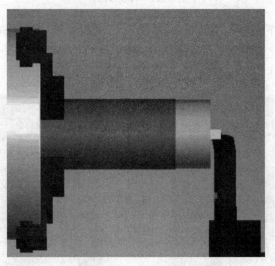

图 1-33　车端面

②在录入方式下，输入 M03 S+转速值（如 S600）将主轴正转，刀具进行端面试切，切完后沿 X 轴正方向退出；此时注意车削完后 Z 轴不能动，只能把 X 轴往正方向退出。

③将系统操作面板切换至录入方式（MDI），其界面如图 1-34 所示，在 G54 坐标系下输入"Z0"（在这里 Z0 是指工件车削后端面位置），按"测量"键。

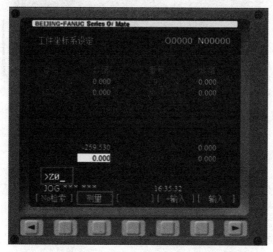

图 1-34　Z 轴坐标系设置界面

④按主轴停止，Z 轴对刀完成，把刀退开至安全位置。

（3）校验对刀是否正确。

①将系统操作面板切换至录入方式（MDI）。

②在 MDI 界面下输入"G00 X0.0 Z50.0"。

③同时在录入方式下执行该值——按下循环启动按钮。

④打开防护门，看刀具位置点是否正确。

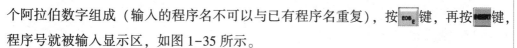

注意：加工时程序中只要调用用于对刀的刀及刀补号就行，不能再用 G50、G54~G59 一类坐标设定语句。

7）程序的输入、编辑和修改

将程序 O1001 输入数控系统。

（1）创建新程序。

操作步骤如下：

①选择编程 EDIT 模式，按 键进入程序页面。

②按数字/字母键输入自定义的程序名，程序名由字母 O+四

数控车床程序输入及
检验视频讲解

个阿拉伯数字组成（输入的程序名不可以与已有程序名重复），按 EOB_E 键，再按 INSERT 键，程序号就被输入显示区，如图 1-35 所示。

③输入程序的内容。

注："EOB"为 END OF BLOCK 的首字母缩写，意为程序句结束。如果屏幕出现"ALARM P/S70"的报警信息，表示内存容量已满，请删除无用的程序。如果屏幕出现"ALARMP/S73"的报警信息，表示当前输入的程序号内存中已存在，请改变输入的程序号或删除原程序号及对应程序内容即可。

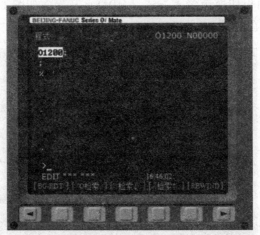

图 1-35　程序输入界面

（2）编辑 NC 程序（插入、修改和删除操作）。

在进行插入、修改和删除操作前，应将模式选择编程"EDIT"模式→按 PROG 键进入选择程序界面→选择要编辑的 NC 程序名，如"O1000"→ 进入程序界面→移动光标到需要编辑的部位。

①插入操作：把输入区的内容插入光标所在代码后面，按 INSERT 键。

②修改操作：用输入区的内容替代光标所在的代码，按 ALERT 键。

③删除操作可分为以下五种情况：

a. 删除字代码：将光标移到需要删除的代码上，按 DELETE 键。

b. 删除一个程序段：将光标移到需要删除的程序段位置，按 EOB/E 键确认，再按 DELETE 键。

c. 删除多个程序段：将光标移到需要删除的第一个程序段处，键入需要删除的最后一个程序段的段号，按 DELETE 键。

d. 删除一个程序：键入要删除的程序号，按 DELETE 键。

e. 删除储存器中的全部程序：输入字母"O"及数字"-9999"，按 DELETE 键。

（3）选择一个程序。

选择一个程序有两种方法：

第一种，按程序号搜索。

①选择编程"EDIT"模式；

②按 PROG 键；

③输入程序名（字母、数字）；

④移动光标 ↓ 或 ↑ 开始搜索，找到后，程序名显示在屏幕右上角程序号位置，程序内容显示在屏幕。

第二种，程序检索。

①按 PROG 键，出现程序容量信息界面；

②按 ↑PAGE 或 PAGE↓ 键可进行翻页查看；

③按 RESET 键，回到原来的程序画面。

8）程序调试（图形模拟加工）

NC 程序输入后，利用图形模拟加工功能，可以显示程序的刀具移动轨迹，在这个模拟过程通过机床的报警提示和观察刀路可以检查出程序不正确地方，以便对程序进行修改、调试。

（1）图形模拟的操作步骤如下：

①调出要进行图形模拟的程序。

②选择自动 AUTO 模式。

③同时按下 ▦ （机床锁定）和 ➡ （空运行）键，将机床锁定。

④按键盘上的看图形键，转入检查运行轨迹模式界面。

⑤再单击操作面板上的循环启动按钮 ▯ ，即可观察数控程序的运行轨迹（图 1-36），如果出现错误，机床会报警，需要根据报警信息查找问题原因，不断修改程序，直到出现需要的正确轨迹为止。

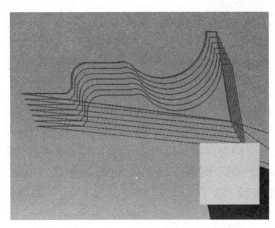

图 1-36　图形模拟加工

注意：看图形时一定要注意，虽然锁住了机床，但主轴和刀架还会转动，所以看图形前一定要把刀架移动到安全位置，否则很容易撞刀。而且看模拟图形要在对刀之前操作，如果对完刀后再看图形，对刀的坐标值会乱，需要重新对刀。检查运行轨迹时，暂停运行、停止运行、单段执行等同样有效。

9）程序的自动运行

常见的程序运行方式包括全自动加工循环、机床锁住循环、倍率开关控制循环、机床空运转循环、单段执行循环、跳段执行循环等。

（1）全自动加工循环。

全自动加工循环是指在自动加工状态下，执行选定的数控加工程序。

全自动加工循环的操作步骤：

①从储存的程序中选择一个加工程序。

②选择自动 AUTO 模式。

③单击 ■ 按钮，数控程序开始自动运行。

（2）中断运行。

数控程序在自动运行过程中可根据需要暂停、停止、急停和重新运行。

数控程序在运行时，单击 ◎ 按钮，程序暂停运行，再次单击 ■ 按钮，程序从暂停处开始继续运行。若按下键盘上的复位键 ，自动运行结束并进入复位状态。

数控程序在运行时，按下急停按钮 ，数控程序中断运行，继续运行时，先将急停按钮松开，再按 ■ 按钮，余下的数控程序从中断处开始作为一个独立的程序执行。

（3）机床锁住循环。

机床锁住循环是指数控系统工作时，CRT 屏幕显示机床的运动情况，但不执行主轴、进给、换刀、冷却液等动作。此功能可用于全自动循环加工前的程序调试。机床锁住有两种，一种是锁住所有的轴，停止全部轴的移动；另一种是锁住指定轴，仅停止指定轴的移动。另外，还有辅助功能锁住，能使 M、S 和 T 指令锁住。

机床锁住循环的操作步骤：

①按操作面板上的机床锁住键，机床不移动，但 CRT 屏幕上显示各轴位置在改变。

②按操作面板上的机床锁住辅助功能键 ，M、S 和 T 代码无效。

（4）倍率关机控制循环。

自动加工时，可用倍率开关将转速、快速进给速度和切削进给速度调整到最佳数值，而不必去修改程序。编程的进给速度可以通过选择倍率旋钮的百分值（%）来减小或增大，这个特性可用于检查程序。例如，程序中指定的进给速度为 120 mm/min，如果设定倍率刻度为 50%，则机床按 60 mm/min 的进给速度加工。

改变进给倍率的步骤是：在自动运行之前或运行中，调节进给速度调节旋钮 到希望的百分值，调节范围为 0~120%。

> 注意：在螺纹切削期间，倍率无效并维持由程序指定的进给速度加工。在自动运行过程中最好不要调整倍率。

（5）机床空运转循环。

自动加工前，不要将工件或刀具装上机床，进行机床空运转，以检查程序的正确性。空运转时的进给速度与程序无关，为系统设定值。

空运转的操作步骤如下：

①选择自动 AUTO 模式，进入自动加工模式。

②按下操作面板上的空运行按钮 ，机床快速移动。

（6）单段执行循环。

在试切时，出于安全考虑，可选择单段方式执行加工程序。

单段执行步骤如下：

①单击单步开关按钮 ▣，使按钮灯变亮。

②单击循环启动按钮 🔲，数控程序开始运行。

注：单段方式执行每一行程序均需单击一次 🔲 按钮。

（7）跳段执行循环。

跳段执行是指自动加工时，数控系统可以跳过某些指定的程序段。例如在某程序段首加工"/"（如/ N10 G01……），且按下选择跳过按钮 ▨，在自动加工时，该程序段被跳过不执行。

10）检测零件及校正刀偏值

加工完成后对零件进行去毛刺和尺寸的测量，常用量具如图1-37所示，这些量具的测量精度和使用场合各不相同，在测量过程中应根据具体情况合理选用。

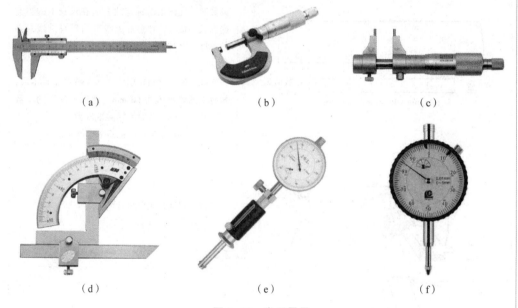

（a）	（b）	（c）
（d）	（e）	（f）

图1-37　常用量具

（a）游标卡尺；（b）外径千分尺；（c）内径千分尺；（d）万能角度尺；（e）内径量表；（f）百分表

数控车削中常用量具的相关知识及操作要领如表1-25所示。

表1-25　数控车削中常用量具的相关知识及操作要领

常用量具操作示意图	相关知识及操作要领
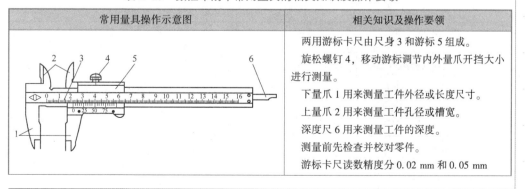	两用游标卡尺由尺身3和游标5组成。 旋松螺钉4，移动游标调节内外量爪开挡大小进行测量。 下量爪1用来测量工件外径或长度尺寸。 上量爪2用来测量工件孔径或槽宽。 深度尺6用来测量工件的深度。 测量前先检查并校对零件。 游标卡尺读数精度分0.02 mm和0.05 mm

常用量具操作示意图	相关知识及操作要领
	将车床主轴停转。 擦干净工件的测量部位。 握住游标卡尺，左手握住尺身的量爪，右手握住游标夹住需要测量的部位，与测量面成90°，读取刻度值，垂直方向看刻度面，在夹住的状态下读取刻度值
 读数值为 0.02 mm 60 mm+0.48 mm=60.48 mm	读数前，应先明确所用游标卡尺的读数精度，读数时，先读出游标零线左边在尺身上的整数毫米数，接着，在游标上找到与尺身刻线对齐的刻度，并读出小数值，然后，再将所读两数相加。 例如：使用读数精度为 0.02 mm 的游标卡尺，尺身上的整数值为 60 mm，游标卡尺上的小数值为 0.48 mm，此时实际测量值为 60 mm+0.48 mm=60.48 mm
	游标卡尺测量轴段尺寸的方法
	游标卡尺测量孔深尺寸的方法
	游标卡尺测量孔径尺寸的方法

常用量具操作示意图	相关知识及操作要领
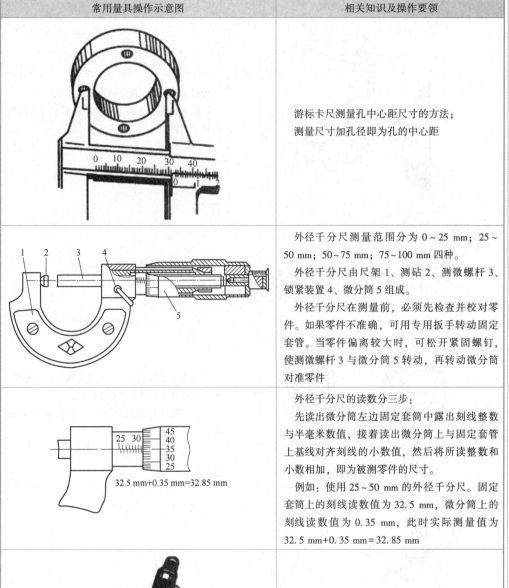	游标卡尺测量孔中心距尺寸的方法；测量尺寸加孔径即为孔的中心距
	外径千分尺测量范围分为 0～25 mm；25～50 mm；50～75 mm；75～100 mm 四种。 外径千分尺由尺架 1、测砧 2、测微螺杆 3、锁紧装置 4、微分筒 5 组成。 外径千分尺在测量前，必须先检查并校对零件。如果零件不准确，可用专用扳手转动固定套管。当零件偏离较大时，可松开紧固螺钉，使测微螺杆 3 与微分筒 5 转动，再转动微分筒对准零件
32.5 mm+0.35 mm=32.85 mm	外径千分尺的读数分三步： 先读出微分筒左边固定套筒中露出刻线整数与半毫米数值，接着读出微分筒上与固定套管上基线对齐刻线的小数值，然后将所读整数和小数相加，即为被测零件的尺寸。 例如：使用 25～50 mm 的外径千分尺。固定套筒上的刻线读数值为 32.5 mm，微分筒上的刻线读数值为 0.35 mm，此时实际测量值为 32.5 mm+0.35 mm＝32.85 mm
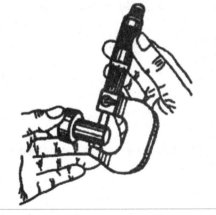	外径千分尺测量小零件尺寸的方法

常用量具操作示意图	相关知识及操作要领
	外径千分尺在车床上测量零件尺寸的方法。 不能在转动的工件上测量，还应该注意温度对尺寸的影响
固定量爪　活动量爪 25 20 15　45 0 5 10	内径千分尺测量孔径尺寸的方法
	百分表主要用于测量工件的形状和位置精度，常用的百分表有钟表式和杠杆式。 百分表的测量范围分为 0~3 mm，0~5 mm，0~10 mm
	钟表式百分表可以测量径向圆跳动
	杠杆式百分表可以测量径向圆跳动和端面圆跳动

游标卡尺和千分尺使用正误比较如表 1-26 所示。

表 1-26　游标卡尺和千分尺使用正误比较

测量场合	正确	错误
测量长度或外径		
测量沟槽直径		
测量沟槽宽度		
测量内孔		
测量厚度或外径		

　　为了更好地掌握游标卡尺的使用方法，将应该注意的几个主要问题整理成顺口溜，供读者参考。

量爪贴合无间隙，主尺游标两对零；

尺框活动能自如，不松不紧不摇晃；

测力松紧细调整，不当卡规用力卡；

量轴防歪斜，量孔防偏歪；

测量内尺寸，爪厚勿忘加；

面对光亮处，读数垂直看。

正确使用量具对零件进行测量后，如果尺寸有误差，则只要修改"刀具补正/磨耗"页面中每把刀具相应的补偿值即可。例如，工件外圆直径在加工后的尺寸应是 $\phi34$ mm，但实际测得 $\phi34.07$ mm（或 $\phi33.98$ mm），尺寸偏大 0.07 mm（或偏小 0.11 mm），则按 [OFFSET SETTING] 键→[补正]→[磨耗]，将光标移动到"W001"的"X"值位置，如图 1-38 所示，输入"-0.07"（或"0.11"），按[输入]键。如果补偿值中已经有数值，那么需要在原来数值的基础上进行累加，输入累加后的数值。

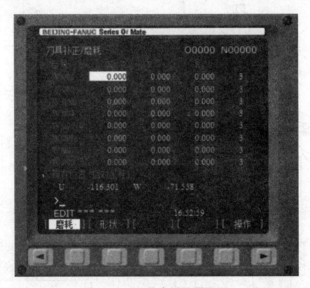

图 1-38　刀具磨损设置页面

数控车削过程中使尺寸精度降低的原因是多方面的，常见原因如表 1-27 所示。

造成尺寸精度下降的原因中，由于工艺系统产生的尺寸精度降低可对机床和夹具的调整来解决，而由于装夹、刀具、加工过程中操作者的原因造成尺寸精度降低则可以通过操作者进行更正、细致操作来解决。

表 1-27　数控车削尺寸精度降低原因分析

序号	影响因素	产生原因
1	装夹与校正	工件校正不正确
2		工件装夹不牢固，加工过程中产生松动与振动
3	刀具	对刀不正确
4		刀具在使用过程中产生磨损
5		刀具刚性差，刀具加工过程中产生振动

序号	影响因素	产生原因
6	加工	背吃刀量过大，导致刀具发生弹性变形
7		刀具长度补偿参数设置不正确
8		精加工余量选择过大或过小
9		切削用量选择不当，导致切削力、切削热过大，从而产生热变形和内应力
10	工艺系统	机床原理误差
11		机床几何误差
12		工件定位不正确或夹具与定位元件制造误差

在加工过程中进行精确的测量也是保证加工精度的重要因素。测量时应做到量具选择正确、测量方法合理、测量过程规范细致。

11）关闭机床电源操作

拆卸工件、刀具、打扫机床并在机床工件台面上涂机油，完毕后关闭机床电源。操作如下：

（1）关机前的准备工作。

①检查控制面板上循环启动的指示灯 LED 是否熄灭，循环启动应在停止状态。

②机床所有的可移动部件都应处于停止状态。

③把回转刀架移至远离卡盘的安全位置。

（2）关机步骤。

①先按下机床 NC 开关（红色 OFF 键）。

②再按下紧急停止开关。

③关闭机床电源开关。

④关闭墙壁开关，断开供给电源。

三、G00、G01 指令

G00/G01 指令
视频讲解

1. 快速点定位指令 G00

格式：G00 X（U）　Z（W）；

式中，X、Z——目标点的绝对值坐标；

　　　U、W——刀具终点相对起点增量坐标。

功能：使刀具从当前点，以系统预先设定好的速度移动定位至所指定的目标点 (X,Z)，使刀具快速接近或快速离开零件。

注意：

（1）G00 的运动轨迹不一定是直线，若不注意则容易干涉。

（2）该指令不用指定运行速度。

（3）目标点一般要离开零件表面 1~5 mm。

2. 直线插补指令 G01

格式：G01 X(U)　Z(W)　F;

式中，X、Z——目标点的绝对值坐标；

　　　U、W——刀具切削终点相对起点增量坐标；

　　　F——进给量或进给速度，单位 mm/r 或 mm/min。

功能：使刀具从当前点，以指令的进给速度沿直线移动到目标点(X,Z)，用于完成端面、外圆、内圆、槽、倒角、圆锥面等表面的加工。

【简单轴类零件编程与加工案例教学视频】

简单轴零件的数控工艺分析　　　简单轴零件的数控编程

 职业技能鉴定理论试题

一、单项选择题

1. 离岗三个月以上六个月以下复工的工人，要重新进行（　　　）。

A. 岗位安全教育　　　　　　　　　B. 厂级安全教育

C. 车间安全教育　　　　　　　　　D. 以上说法都不对

2. 选择切削用量时，通常的选择顺序是（　　　）。

A. 切削速度、背吃刀量、进给量　　　B. 切削速度、进给量、背吃刀量

C. 背吃刀量、进给量、切削速度

3. 制定数控加工工艺进行零件图分析时不包括（　　　）。

A. 尺寸标注方法分析　　　　　　　B. 零件加工质量分析

C. 精度及技术要求分析　　　　　　D. 轮廓几何要素分析

4. 数控机床伺服系统以（　　　）为控制目标。

A. 加工精度　　　　　　　　　　　B. 位移量和速度量

C. 切削力　　　　　　　　　　　　D. 切削速度

5. （　　　）表示用绝对值方式编程的指令。

A. G90　　　　　　B. G91　　　　　　C. G69　　　　　　D. G68

6. （　　　）表示快速进给、定位指定的指令。

A. G00　　　　　　B. G01　　　　　　C. G02　　　　　　D. G03

7. 设 G01 X30 Z6 执行 G91 G01 Z15 后，Z 轴方向实际移动量为（　　　）。

A. 9 mm　　　　　　B. 21 mm　　　　　C. 15 mm　　　　　D. 27 mm

8. G91 G00 X30 Z−20 表示（　　　）。

A. 刀具按进给速度移至机床坐标系 $X = 30$ mm，$Y = -20$ mm 处

B. 刀具快速移至机床坐标系 $X=30$ mm，$Y=-20$ mm 处

C. 刀具快速向 X 正方向移动 30 mm，Y 负方向移动 20 mm

D. 编程错误

9. 车床用的三爪自定心卡盘、四爪单动卡盘属于（　　）夹具。

A. 通用　　　　　　B. 专用　　　　　　C. 组合　　　　　　D. 成组

10. 机床坐标系判定方法采用右手直角的笛卡儿坐标系，增大工件和刀具距离的方向是（　　）。

A. 负方向　　　　　　　　　　　B. 正方向

C. 任意方向　　　　　　　　　　D. 条件不足不确定

二、判断题

（　　）1. G00 指令是可以运动且加工的指令。

（　　）2. 在 G00 程序段中，不需编写 F 指令。

（　　）3. 机械加工工艺过程卡片以工序为单位，按加工顺序列出整个零件加工所经过的工艺路线、加工设备和工艺装备及时间定额等。

（　　）4. 工艺基准包括定位基准、测量基准、装配基准三种。

（　　）5. 金属切削主运动既可由工件完成，也可由刀具完成。

（　　）6. 工艺基准分粗基准和精基准。

（　　）7. 最终加热处理主要用来提高材料强度和硬度。

任务描述

　　本项目要求在 FUNAC 0iT 系统的数控车床上加工如图 2-1 所示的台阶轴零件。对台阶轴零件进行工艺分析，编制零件的加工程序，利用数控车床加工、检测台阶轴零件的尺寸和精度、质量分析等内容，工作过程进行详解。

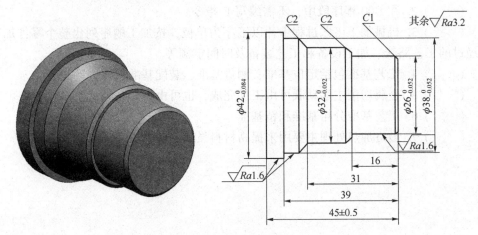

图 2-1　台阶轴零件

任务分组

　　【团队合作、协调分工；共同讨论、分析任务】

　　将班级学生分组，4 人或 5 人为一组，由轮值安排生成组长，使每个人都有培养组织协调和管理能力的机会。每人都有明确的任务分工，4 人分别代表项目组长、工艺设计工程师、数控车技师、产品验收工程师，模拟真实台阶轴项目实施过程，培养团队合作、互帮互助精神和协同攻关能力。项目分组如表 2-1 所示。

表 2-1　项目分组

项目组长		组名		指导教师	
团队成员	学号	角色指派		备注	
		项目组长		统筹计划、进度、安排和团队成员协调，解决疑难问题	

项目组长		组名		指导教师	
团队成员	学号	角色指派		备注	
		工艺设计工程师		进行台阶轴工艺分析，确定工艺方案，编制加工程序	
		数控车技师		进行数控车床操作，加工台阶轴的调试	
		产品验收工程师		根据任务书、评价表对项目功能、组员表现进行打分评价	

任务分析

【计划先行，谋定而后动】

1. 加工对象

（1）进行零件加工，首先要根据零件图纸分析加工对象。

本项目的加工对象是_____

（2）零件图纸分析内容包括_____

2. 加工工艺内容

（1）根据零件图纸，选择相应的毛坯材质_____、尺寸_____

（2）根据零件图纸，选择数控车床型号_____

（3）根据零件图纸，选择正确的夹具_____

（4）根据零件图纸，选择正确的刀具_____

（5）根据零件图纸，确定工序安排_____

_____

（6）根据零件图纸，确定走刀路线_____

_____

（7）根据零件图纸，确定切削参数_____

3. 编程指令

台阶轴加工需要的功能指令有_____

零件加工程序的编制格式_____

4. 零件加工

（1）零件加工的工件原点取在哪个位置？

_____

（2）零件的装夹方式_____

（3）加工程序的调试操作步骤？

_____

5. 零件检测

（1）零件检测使用的量具：_____

（2）零件检测的标准有哪些？

1. 加工对象

图 2-1 所示为台阶轴，零件需要加工端面、倒角、台阶外圆并切断。产品对 $\phi26$ mm、$\phi32$ mm、$\phi38$ mm、$\phi42$ mm 外圆尺寸及总长度 45 mm 有一定的精度要求。

2. 零件图工艺分析

1）毛坯的选择

选用直径为 $\phi45$ mm 的 45 钢棒材，考虑夹持长度，毛坯长度确定为 80 mm。无热处理和硬度要求，单件生产。

2）机床选择

考虑产品的精度要求，选用 CKY400B 型号的数控车床。

3）确定装夹方案和定位基准

使用三爪自定心液压卡盘夹持零件的毛坯外圆 $\phi45$ mm 处，确定零件伸出合适的长度（把车床的限位距离考虑进去），零件的加工长度为 45 mm，零件完成后需要切断。切断刀宽度为 4 mm，卡盘的限位安全距离为 5 mm，因此零件应伸出卡盘总长 55 mm 以上。零件装好后离卡爪较远部分需要敲击校正，才能使工件整个轴线与主轴轴线同轴。

4）确定加工顺序及进给路线

该零件单件生产，端面为设计基准，也是长度方向测量基准，确定工序安排为先切端面，工件坐标系原点在右端。再选用外圆车刀进行台阶轴外轮廓的粗车，然后精加工外轮廓，最后切断工件。

5）选择刀具及切削用量

此零件需加工端面、车外圆和切断，根据零件精度要求和工序安排，查找资料，上网搜集，确定刀具几何参数及切削参数，如表 2-2 所示。

表 2-2　刀具及切削参数

工步	工步内容	刀具号	刀具类型	主轴转速 $S/(\mathrm{r}\cdot\mathrm{min}^{-1})$	进给量 $f/(\mathrm{mm}\cdot\mathrm{r}^{-1})$	背吃刀量 $a_{\mathrm{p}}/\mathrm{mm}$
1	平端面	T01	93°外圆车刀	800	0.2	
2	粗车外圆台阶	T01	93°外圆车刀	800	0.2	
3	精车外圆台阶	T01	93°外圆车刀	1 000	0.1	
4	切断	T02	4 mm 切断刀	600	0.05	手动

结合零件加工工序安排和切削参数，填写表 2-3 所示工艺卡片。

表 2-3　台阶轴加工工艺卡片

材料	45 钢	零件图号		零件名称	台阶轴	工序号	001
程序名	O1001	机床设备	FANUC 0iT 数控车床	夹具名称		三爪自定心卡盘	
工步号	工步内容 （走刀路线）	G 功能	T 刀具	切削用量			
				转速 n /$(r \cdot min^{-1})$	进给量 f /$(mm \cdot r^{-1})$	背吃刀量 a_p/mm	
1	粗车工件外轮廓	G71	T0101	800	0.2	2.0	
2	精车工件外轮廓	G70	T0101	1 200	0.1	0.5	
3	切断	G01	T0202	400	0.05		

3. 程序编制

1）工件轮廓坐标点计算

台阶轴外轮廓上几何要素的连接点以字母的形式标示，具体轮廓点的坐标值如图 2-2 所示。

坐标值：$A(24, 0)$、$B(26, -1)$、$C(26, -16)$、$D(28, -16)$、$E(32, -18)$、$F(32, -31)$、$G(38, -34)$、$H(38, -39)$、$I(42, -39)$、$J(42, -45)$。

2）确定编程内容

（1）先平端面：在端面余量不大的情况

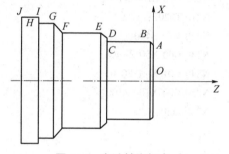

图 2-2　台阶轴坐标点

下，一般采用自外向内的切削路线，注意刀尖中心与轴线等高，避免崩刀尖，要过轴线以免留下尖角。启用机床恒线速度功能保证端面表面质量。端面加工完成后刀具移动到粗车外圆第一刀的起点。

（2）毛坯粗车：毛坯总余量有 9.5 mm，分 6 刀粗加工 $\phi26$ mm、$\phi32$ mm、$\phi38$ mm 三个台阶外圆面，径向留精车余量 0.5 mm。为控制总长 45 m±0.5 m 的精度和台阶光整需一次切削出来，轴向台阶留车削余量 0.1~0.2 mm 精加工。

（3）精车台阶轴：将粗车后的工件，根据精加工切削参数，进行台阶轴轮廓自右向左精车一次成形。

（4）切断。精加工完成后切断工件。

3）编写数控加工程序

程序内容（FANUC 程序）	注　释
O1001;	
N10 G00 X100 Z100;	快速移动到换刀点
N20 M03 S800;	粗加工转速为 800 r/min
N30 G00 X47 Z5 M08;	刀具至循环起始点
N40 G71 U1.5 R1.5;	粗车固定循环
N50 G71 P60 Q170 U1 W0.2 F0.2;	

N60 G00 X24；

N70 G01 Z0 F0.1；

N80 G01 X26 Z-1；

N90 G01 Z-16；

N100 G01 X28；

N120 G01 X32 Z-18；   精车循环轮廓

N130 G01 Z-31；

N140 G01 X38 Z-34；

N150 G01 X42；

N160 G01 Z-45；

N170 X47；

N180 M03 S1200；   精加工转速为 1 200 r/min

N190 G70 P60 Q170；   精车循环

N200 G00 Z100 X100；   外圆车刀退刀

N210 T0202；   换切断刀

N220 M03 S400；   转速为 400 r/min

N230 G00 X50 Z-49；   定位到切断点

N240 G01 X-1 F0.05；   切断

N250 G00 X100 Z100；   刀架返回换刀点

N260 M30；   程序结束并返回开始处

任务实施

1. 领用工具

台阶轴零件数控车削加工所需的工、刀、量具如表2-4所示。

表 2-4　台阶轴零件数控车削加工所需的工、刀、量具

序号	名称	规　格	数量	备注
1	游标卡尺	0~150 mm、0.02 mm	1 把	
2	千分尺	0~25 mm，25~50 mm，50~75 mm，0.01 mm	各 1 把	
3	百分表	0~10 mm、0.01 mm	1 把	
4	外圆车刀	普通外圆车刀	1 把	
5	切断刀	刀宽为 4 mm	1 把	
6	辅具	莫氏钻套、钻夹头、活络顶尖	各 1 个	
7	材料	ϕ45 mm 的 45 钢棒材	1 根	
8	其他	铜棒、铜皮、毛刷等常用工具；计算机、计算器、编程用书等		选用

2. 零件的加工

（1）打开机床电源。

（2）检查机床运行正常。

（3）输入台阶轴加工程序。

（4）程序录入后试运行，检查刀路路径正确。

（5）进行工、量、刀、夹具的准备。

（6）工件安装。

（7）装刀及对刀。建立工件坐标系，对切槽刀时，以左侧刀尖来对刀。

（8）加工零件。实施切削加工作为单件加工或批量的首件加工，为了避免尺寸超差，应在对刀后把 X 向的刀补加大 0.5 mm 再加工，精车后检测尺寸、修改刀补，再次精车。

实际操作过程中遇到的问题和解决措施记录于表 2-5 中。

表 2-5　遇到的问题及解决措施

遇到的问题	解决措施
机床开机报警 EMG	
机床面板上坐标按钮灯闪烁	
程序不能输入数控系统	
程序验证时，图形界面看不到运行轨迹	
建立工件坐标系时，如何确定刀尖点	

3. 关闭机床电源操作

拆卸工件、刀具、打扫机床并在机床工件台面上涂机油，完毕后关闭机床电源。

任务评价

1. 小组自查

小组加工完成后对零件进行去毛刺和尺寸的检测，零件检测的评分表如表 2-6 所示。【秉持诚实守信、认真负责的工作态度，强化质量意识，严格按图纸要求加工出合格产品，并如实填写检测结果】

表 2-6　台阶轴的小组检测评分表

序号	考核项目	考核要求	配分	评分标准	检测结果	得分	备注
1	形状	连续轴肩	10	形状与图样不符，每处扣 1 分			
2	尺寸精度	$\phi 26_{-0.052}^{0}$ mm	10	超差 0.01 mm 扣 3 分			
		$\phi 32_{-0.052}^{0}$ mm	10	超差 0.01 mm 扣 3 分			
		$\phi 38_{-0.052}^{0}$ mm	10	超差 0.01 mm 扣 3 分			
		$\phi 42_{-0.084}^{0}$ mm	10	超差 0.01 mm 扣 3 分			
		45 mm±0.5 mm	10	超差 0.01 mm 扣 3 分			
3	表面粗糙度	$Ra3.2$ μm	10	超差 0.01 mm 扣 3 分			
4	机床操作	开机及系统复位	5	出现错误不得分			
		装夹工件	5	出现错误不得分			
		输入及修改程序	10	出现错误不得分			
		正确设定对刀点	10	出现错误不得分			

2. 小组互评

组内检测完成，各小组交叉检测，填写检测报告，如表 2-7 所示。

表 2-7 台阶轴的检测报告

零件名称		加工小组	
零件检测人		检测时间	
零件检测概况			
存在问题		完成时间	
检测结果	主观评价	零件质量	材料移交

3. 展示评价

各组展示作品，介绍任务完成过程、零件加工过程视频、零件检测结果、技术文档并提交汇报材料，进行小组自评、组间互评、教师评价，完成考核评价表，如表 2-8 所示。

表 2-8 考核评价表

评价项目	序号	技术要求	配分	评分标准	自评 30%	互评 30%	师评 40%	得分
专业能力（60分）	1	程序正确完整	10	不规范每处扣1分				
	2	切削用量合理	5	每错一处扣1分				
	3	工艺过程规范合理	5	不合理每处扣1分				
	4	刀具选择正确	5	不正确每处扣1分				
	5	对刀及坐标系设定正确	10	不正确每处扣1分				
	6	机床操作规范	5	不规范每处扣1分				
	7	尺寸精度符合要求	10	不合格每处扣1分				
	8	表面粗糙度及形位公差符合要求	10	不合格每处扣1分				
职业素养（30分）	1	分工合理，制订计划能力强，严谨认真	5	根据学员的学习情况、表达沟通能力、合作能力和创新能力综合给分				
	2	安全文明生产，规范操作、爱岗敬业、责任意识	5					
	3	团队合作、交流沟通、互相协作、分享能力	5					
	4	遵守行业规范、企业标准	5					
	5	主动性强，保质保量完成工作任务	5					
	6	采取多样化手段收集信息、解决问题	5					
创新意识（10分）	1	创新性思维和行动	10					

任务复盘

1. 轴类零件的编程与加工项目基本过程

本项目需要经过四个阶段：

1）数控加工工艺分析

（1）确定加工内容：零件的端面和外圆尺寸。

（2）毛坯的选择：确定毛坯的直径和长度。

（3）机床选择：确定机床的型号。

（4）确定装夹方案和定位基准。

（5）确定加工工序：以工件右端的中心点作为工件坐标系的原点。对台阶轴进行外轮廓的粗加工，然后精加工外轮廓，最后切断工件。

（6）选择刀具及切削用量。

确定刀具几何参数及切削参数，填写数控加工刀具卡片，如表 2-9 所示。

表 2-9　数控加工刀具卡片

工步	工步内容	刀具号	刀具类型	主轴转速 $S/(\text{r} \cdot \text{min}^{-1})$	进给量 $f/(\text{mm} \cdot \text{r}^{-1})$	背吃刀量 a_p/mm

（7）结合零件加工工序安排和切削参数，填写工艺卡片，如表 2-10 所示。

表 2-10　台阶轴加工工艺卡片

材料		零件图号		零件名称		工序号	
程序名		机床设备			夹具名称		
工步号	工步内容（走刀路线）		G 功能	T 刀具	切削用量		
					转速 n /(r·min^{-1})	进给量 f /(mm·r^{-1})	背吃刀量 a_p/mm

2）数控加工程序编制

（1）工件轮廓坐标点计算。

根据工件坐标系的工件原点，计算工件外轮廓上各连接点的坐标值。

（2）确定编程内容。

根据外轮廓上各连接几何要素的形状，确定直线插补指令_____，以及外圆粗切复合循环切削指令＿＿＿＿，精加工指令＿＿＿＿，编制出零件的加工程序。

3）数控加工

确定数控机床加工零件的步骤：输入数控加工程序→验证加工程序→查看加工走刀路线→零件加工对刀操作→零件加工。

程序输入的模式：＿＿＿＿＿＿＿＿＿＿＿＿＿＿＿＿＿＿＿＿＿＿＿＿＿

程序验证的模式：＿＿＿＿＿＿＿＿＿＿＿＿＿＿＿＿＿＿＿＿＿＿＿＿＿

单把刀对刀步骤：＿＿＿＿＿＿＿＿＿＿＿＿＿＿＿＿＿＿＿＿＿＿＿＿＿

＿＿＿＿＿＿＿＿＿＿＿＿＿＿＿＿＿＿＿＿＿＿＿＿＿＿＿＿＿＿＿＿＿＿＿

＿＿＿＿＿＿＿＿＿＿＿＿＿＿＿＿＿＿＿＿＿＿＿＿＿＿＿＿＿＿＿＿＿＿＿

零件加工的模式：＿＿＿＿＿＿＿＿＿＿＿＿＿＿＿＿＿＿＿＿＿＿＿＿＿＿

4）零件检测

工、量、检具的选择和使用。

2. 总结归纳

通过台阶轴零件编程与加工项目设计和实施，对所学、所获进行归纳总结。

3. 存在问题/解决方案/优化可行性

1. 编程与车削

完成图 2-3 所示台阶轴的编程与车削加工，材料 45 钢，生产规模为单件。

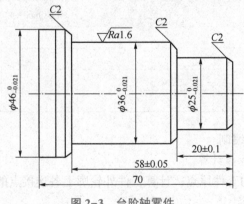

图 2-3 台阶轴零件

2. 任务分析

_____

_____

_____

3. 任务决策

（1）确定毛坯尺寸。

（2）机床、夹具、刀具的选择。

（3）加工工序安排。

（4）走刀路线的确定。

（5）切削用量的选择。

（6）填写工艺卡片，如表 2-11 所示。

表 2-11 工艺卡片

材料		零件图号	2-1	零件名称	台阶轴	工序号	
程序名		机床设备			夹具名称		
工步号	工步内容 （走刀路线）	G 功能	T 刀具	切削用量			
				转速 n $/(\text{r} \cdot \text{min}^{-1})$	进给量 f $/(\text{mm} \cdot \text{r}^{-1})$	背吃刀量 a_p/mm	

4. 任务实施

1）编制加工程序

_____

_____

_____

_____

2）零件加工步骤

_____

_____

_____

_____

3）零件检测

按表 2-12 内容进行小组零件检测。

表 2-12　小组检测评分表

序号	考核项目	考核要求	配分	评分标准	检测结果	得分	备注
1	形状	连续轴肩	10	形状与图样不符，每处扣 1 分			
2	尺寸精度	$\phi25.5_{-0.021}^{0}$	10	超差 0.01 mm 扣 3 分			
		$\phi36_{-0.021}^{0}$	10	超差 0.01 mm 扣 3 分			
		$\phi46_{-0.021}^{0}$	10	超差 0.01 mm 扣 3 分			
		20 mm±0.1 mm	10	超差 0.01 mm 扣 3 分			
		58 mm±0.05 mm	10	超差 0.01 mm 扣 3 分			
3	表面粗糙度	Ra1.6 μm	10	超差 0.01 mm 扣 3 分			
4	机床操作	开机及系统复位	5	出现错误不得分			
		装夹工件	5	出现错误不得分			
		输入及修改程序	10	出现错误不得分			
		正确设定对刀点	10	出现错误不得分			

通过小组自评、组间互评和教师评价，完成考核评价表，如表 2-13 所示。

表 2-13　考核评价表

评价项目	序号	技术要求	配分	评分标准	自评 30%	互评 30%	师评 40%	得分
专业能力（60 分）	1	程序正确完整	10	不规范每处扣 1 分				
	2	切削用量合理	5	每错一处扣 1 分				
	3	工艺过程规范合理	5	不合理每处扣 1 分				
	4	刀具选择正确	5	不正确每处扣 1 分				
	5	对刀及坐标系设定正确	10	不正确每处扣 1 分				
	6	机床操作规范	5	不规范每处扣 1 分				
	7	尺寸精度符合要求	10	不合格每处扣 1 分				
	8	表面粗糙度及形位公差符合要求	10	不合格每处扣 1 分				
职业素养（30 分）	1	分工合理，制订计划能力强，严谨认真	5	根据学员的学习情况、表达沟通能力、合作能力和创新能力综合给分				
	2	安全文明生产，规范操作、爱岗敬业、责任意识	5					
	3	团队合作、交流沟通、互相协作、分享能力	5					
	4	遵守行业规范、企业标准	5					
	5	主动性强，保质保量完成工作任务	5					
	6	采取多样化手段收集信息、解决问题	5					
创新意识（10 分）	1	创新性思维和行动	10					

5. 任务总结

从以下几方面进行总结与反思：

（1）对工件尺寸精度和表面质量进行评价，找出尺寸超差或表面质量缺陷的原因，提出改进方法。

（2）对工艺合理性、加工效率、刀具寿命等方面进行评价，进一步优化切削参数。

（3）对整个加工过程中出现的违反 5S 管理、安全文明生产等操作进行反思。

自我评估与总结：

_____

_____

 **知识链接**

G71/G70 指令视频讲解

1. 内外圆粗车复合循环指令

指令格式：G71　U（Δd）　R（e）；

G71　P（ns）　Q（nf）　U（Δu）　W（Δw）　F（f）　S（s）　T（t）；

式中，Δd——切削深度（半径值）；

e——退刀量（半径值）；

ns——精加工路线程序段群的第一个程序段的顺序段号；

nf——精加工路线程序段群的最后一个程序段的顺序段号；

Δu——X 轴方向上的精加工余量（直径值），单位为 mm，缺省输入时，系统按 Δu＝0 处理；

Δw——Z 轴方向上的精加工余量，单位为 mm；缺省输入时，系统按 Δw＝0 处理；

f——进给速度。

G71 指令运行轨迹如图 2-4 所示。

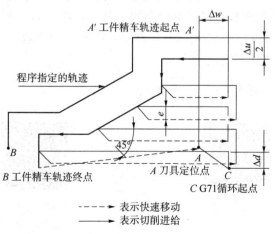

图 2-4　G71 指令运行轨迹

功能：用于圆柱棒料粗车阶梯轴的外圆或内孔需切除较多余量时的情况。

切削方向为：首先平行于 Z 轴方向，最后一刀沿精加工路线即零件轮廓。

> 注意：G71 车内孔轮廓时，Δu 为负值。
>
> f、s、t——F、S、T 代码所赋的值。

在此应注意以下几点：

（1）ns~nf 程序段必需紧跟在 G71 程序段后编写，完成 G71 指令后，会接着执行紧跟 nf 程序段的下一段程序。

（2）在使用 G71 进行粗加工循环时，只有含在 G71 程序段中的 F、S、T 功能才有效；而包含在 ns~nf 程序段中的 F、S、T 功能，即使被指定，对粗车循环也无效，只在精车循环有效。

（3）顺序号 ns 的程序段中只能含有 G00 或 G01 指令，而且必须指定，不能含有 Z 轴指令。

（4）ns~nf 程序段之间必须符合 X 轴、Z 轴方向的共同单调增大或减小的模式。

（5）在顺序号 ns~nf 的程序段中，不能有以下指令：

①除 G04（暂停）外的其他 00 组 G 指令。

②除 G00、G01、G02、G03 外的其他 01 组 G 指令。

③子程序调用指令（如 M98/M99）。

2. 轴类精加工循环指令

指令格式：G70　P（ns）　Q（nf）；

式中，ns——开始精车轮廓程序段号；

　　　nf——完成精车轮廓程序段号。

功能：由 G71、G72、G73 完成粗加工后，可以用 G70 进行精加工。

切削 G71、G72、G73 循环留下的余量，使工件达到编程路径所要求的尺寸。

注意事项如下：

（1）必须先使用 G71、G72 或 G73 指令后，才可使用 G70 指令。

（2）G70 指令指定 ns~nf 间精车的程序段中，不能调用子程序。

（3）ns~nf 间的精车程序段所有指令的 F 及 S 在执行 G70 精车时使用。即 G71、G72、G73 程序段中的 F、S、T 的指令，都在 G70 精车中无效，只有在 ns~nf 程序段中的 F、S、T 才对 G70 有效。

【台阶轴类零件编程与加工案例教学视频】

台阶轴零件的数控工艺分析

台阶轴零件的数控编程

一、单项选择题

1. (   ) 是共产主义、社会主义道德的基本原则，也是社会主义精神文明的重要内容。

A. 集体主义   B. 理想主义   C. 无私奉献

2. 粗加工锻造成形毛坯零件时，循环指令 (   ) 最合适。

A. G70   B. G71   C. G72   D. G73

3. 在 FANUC 系统数控车床上，G71 指令是 (   )。

A. 内外圆粗车复合循环指令   B. 端面粗车复合循环指令

C. 螺纹车削复合循环指令   D. 深孔车削循环指令

4. 在精加工和半精加工时，一般要留加工余量，下列哪种半精加工余量相对较为合理？(   )

A. 0.1 mm   B. 0.005 mm   C. 0.5 mm   D. 5 mm

5. 确定加工顺序和工序内容、加工方法、划分加工阶段、安排热处理、检验及其他辅助工序是 (   ) 的主要工作。

A. 拟定工艺路线   B. 拟定加工方法

C. 填写工艺文件   D. 审批工艺文件

6. 下列说法错误的是 (   )。

A. G71 指令第一个程序段不能有 Z 方向的坐标移动

B. G71 指令最后一个程序段必须由直线移动指令来指定

C. G72 指令第一个程序段不能有 X 方向的坐标移动

D. G73 指令最后一个程序段必须由直线移动指令来指定

7. 在 FANUC 系统数控车床编程中，程序段

　　　　N10 G71 U2 R1；

　　　　N20 G71 P100 Q200 U0.2 W0.1 F100；

其中 U0.2 表示 (   )。

A. X 方向的精车余量   B. Z 方向的精车余量

C. 背吃刀量   D. 退刀量

8. MDI 方式中建立的程序 (   ) 储存。

A. 能   B. 有时能   C. 有时不能   D. 不能

二、判断题

(   ) 1. 在劳动的双重目的中，为社会而劳动、为个人的利益而劳动，是一种全新的道德观念。

(   ) 2. 诚实守信就是尊重客观事实，不弄虚作假、信守诺言、重信誉、讲信用。

（　　）3. 忠于职守就是以一种强烈的责任心对待所从事的工作，尽心尽力地履行好自己的职责。

（　　）4. G71 指令是端面粗加工循环指令，主要用于棒料毛坯的粗加工。

（　　）5. 程序段 G71 P35 Q60 U1.0 W2.0 S500 中，U4.0 的含义是 X 轴方向的精加工余量直径值。

（　　）6. 在 FANUC 系统中，G70 指令是精加工循环指令，用于 G71 加工后的精加工。

（　　）7. 棒料毛坯粗加工时，使用 G71 指令可简化编程。

任务3　圆弧轴零件编程与加工

任务描述

　　本项目要求在 FUNAC 0iT 系统的数控车床上加工如图 3-1 所示的圆弧轴类零件。对圆弧轴类零件进行工艺分析，编制零件的加工程序，利用数控车床加工、检测圆弧轴零件的尺寸和精度、质量分析等内容，工作过程进行详解。

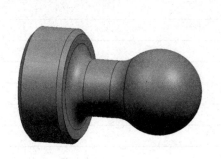 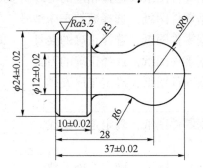

图 3-1　圆弧轴零件

任务分组

【孤军奋战、其力有限，众志成城、坚不可摧】

　　将班级学生分组，4 人或 5 人为一组，由轮值安排生成组长，使每个人都有培养组织协调和管理能力的机会。每人都有明确的任务分工，4 人分别代表项目组长、工艺设计工程师、数控车技师、产品验收工程师，模拟真实圆弧轴项目实施过程，培养团队合作、互帮互助精神和协同攻关能力。项目分组如表 3-1 所示。

表 3-1　项目分组

项目组长		组名	指导教师	
团队成员	学号	角色指派	备注	
		项目组长	统筹计划、进度、安排和团队成员协调，解决疑难问题	
		工艺设计工程师	进行圆弧轴工艺分析，确定工艺方案，编制加工程序	
		数控车技师	进行数控车床操作，加工圆弧轴的调试	
		产品验收工程师	根据任务书、评价表对项目功能、组员表现进行打分评价	

任务分析

【计划先行，谋定而后动】

1. 加工对象

（1）进行零件加工，首先要根据零件图纸，分析加工对象。

本项目的加工对象是 _____

（2）零件图纸分析内容包括 _____

2. 加工工艺内容

（1）根据零件图纸，选择相应的毛坯材质 _____、尺寸 _____

（2）根据零件图纸，选择数控车床型号 _____

（3）根据零件图纸，选择正确的夹具 _____

（4）根据零件图纸，选择正确的刀具 _____

（5）根据零件图纸，确定工序安排 _____

_____

（6）根据零件图纸，确定走刀路线 _____

_____

（7）根据零件图纸，确定切削参数 _____

3. 编程指令

圆弧轴加工需要的功能指令有 _____

零件加工程序的编制格式 _____

4. 零件加工

（1）零件加工的工件原点取在哪个位置？

_____

（2）零件的装夹方式 _____

（3）加工程序的调试操作步骤：

_____

5. 零件检测

（1）零件检测使用的量具： _____

（2）零件检测的标准有哪些？

_____

任务决策

1. 加工对象

图 3-1 所示为圆弧轴，该零件较为复杂，需要加工圆弧外圆、圆弧端面、台阶外圆和圆锥外圆并切断。产品对 $\phi24$ mm、$\phi12$ mm 外圆尺寸及长度 10 mm、总长度 37 mm 有一定的精度要求。

2. 零件图工艺分析

1）毛坯的选择

选用直径为 $\phi25$ mm 的 45 钢棒材，考虑夹持长度，毛坯长度确定为 70 mm，无热处理和硬度要求，单件生产。

2）机床选择

考虑产品的精度要求，选用 CKY400B 型号的数控车床。

3）确定装夹方案和定位基准

使用三爪自定心液压卡盘夹持零件的毛坯外圆 $\phi25$ mm 处，确定零件伸出合适的长度（把车床的限位距离考虑进去），零件的加工长度为 37 mm，零件完成后需要切断。切断刀宽度为 4 mm，卡盘的限位安全距离为 5 mm，因此零件应伸出卡盘总长 47 mm 以上。零件装好后离卡爪较远部分需要敲击校正，才能使工件整个轴线与主轴轴线同轴。

4）确定加工顺序及进给路线

该零件单件生产，端面为设计基准，也是长度方向测量基准，选用普通的外圆车刀进行粗、精加工，刀号分别为 T01 和 T02，工件坐标系原点在右端。加工前刀架从任意位置回参考点，进行换刀动作（确保 1 号刀在当前刀位），建立 1 号刀工件坐标系。再回到程序起始点，同时启动主轴，准备加工。

5）选择刀具及切削用量

选择刀具时需要根据零件结构特征确定刀具类型，如切槽需用切槽刀、车螺纹需用螺纹刀等，安排该刀具在刀架上的刀具号，以便对刀、编程时对应。此零件只需加工端面及外圆，故选用普通焊接式外圆车刀并装在 1 号刀位上。根据零件精度要求和工序安排确定刀具几何参数及切削参数，如表 3-2 所示。

表 3-2　刀具及切削参数

工步	工步内容	刀具号	刀具类型	主轴转速 $S/(\mathrm{r \cdot min^{-1}})$	进给量 $f/(\mathrm{mm \cdot r^{-1}})$	背吃刀量 a_p/mm
1	粗车外圆轮廓	T01	93°外圆车刀	800	0.2	6.3
2	精车外圆轮廓	T01	93°外圆车刀	1 200	0.05	0.2
3	切断	T02	4 mm 切断刀	500	0.05	手动

结合零件加工工序安排和切削参数，填写表 3-3 工艺卡片。

表 3-3　圆弧轴加工工艺卡片

材料	45 钢	零件图号		零件名称	圆弧轴	工序号	001
程序名	O1001	机床设备	FANUC 0iT 数控车床	夹具名称	三爪自定心卡盘		
工步号	工步内容（走刀路线）		G 功能	T 刀具	切削用量		
					转速 n $/(\mathrm{r \cdot min^{-1}})$	进给量 f $/(\mathrm{mm \cdot r^{-1}})$	背吃刀量 a_p/mm
1	粗车工件外轮廓		G73	T0101	800	0.2	6.3
2	精车工件外轮廓		G70	T0101	1 200	0.05	0.2
3	切断		G01	T0202	500	0.05	手动

3. 程序编制

1）工件轮廓坐标点计算

圆弧轴外轮廓上几何要素的连接点以字母的形式标示，具体轮廓点的坐标值如图 3-2 所示。

坐标值：A（14.4，-14.399）、B（12，-18）、C（12，-24）、D（18，-27）、E（22，-27）、F（24，-28）、G（24，-36）、H（24，-37）。

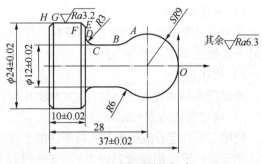

图 3-2 圆弧轴坐标点

2）确定编程内容

（1）毛坯粗车：毛坯总余量有 6.5 mm，利用 G73 仿形粗加工，分 5 次走刀，每次走刀 1.26 mm，径向留精车余量 0.2 mm。为控制总长 37 mm±0.02 mm 的精度和圆弧光整需一次切削出来，轴向圆弧留车削余量 0.1~0.2 mm 精加工。

（2）精车圆弧轴：将粗车后的工件根据精加工切削参数，进行圆弧轴轮廓自右向左精车一次成形。

（3）切断。精加工完成后切断工件。

3）编写数控加工程序

程序内容（FANUC 程序）	注　　释
O2001;	
N10 G00 X100 Z100;	快速移动到换刀点
N20 T0101;	粗加工刀具
N30 M03 S800;	粗加工转速为 800 r/min
N40 G00 X30 Z5 M08;	刀具至循环起始点
N50 G73 U5.05 W3 R5;	粗车固定循环
N60 G73 P70 Q160 U0.2 W0.2 F0.2;	
N70 G00 X0 Z2;	
N80 G01 X0 Z0 F0.05;	
N90 G03 X14.4 Z-14.399 R9;	
N100 G02 X12 Z-18 R3;	
N110 G01 X12 Z-24;	
N120 G02 X18 Z-27 R3;	精车循环轮廓
N130 G01 X22 Z-27;	
N140 G01 X24 Z-28;	
N150 G01 X24 Z-36;	
N160 G01 X24 Z-37;	
N180 M03 S1200;	精加工转速为 1 200 r/min
N190 G70 P60 Q160;	精车循环
N200 G00 X100 Z100;	外圆车刀退刀
N210 T0202;	换切断刀
N220 M03 S400;	转速为 400 r/min
N230 G00 X30 Z-41;	定位到切断点

N240 G01 X-1 F0.05;   切断
N250 G00 X100 Z100;   刀架返回换刀点
N260 M30;   程序结束并返回开始处

任务实施

1. 领用工具

圆弧轴零件数控车削加工所需的工、刀、量具如表 3-4 所示。

表 3-4　圆弧轴零件数控车削加工所需的工、刀、量具

序号	名称	规　　　格	数量	备注
1	游标卡尺	0~150 mm、0.02 mm	1 把	
2	千分尺	0~25 mm、25~50 mm、50~75 mm、0.01 mm	各 1 把	
3	百分表	0~10 mm、0.01 mm	1 把	
4	外圆车刀	普通外圆车刀	1 把	
5	切断刀	刀宽为 4 mm	1 把	
6	辅具	莫氏钻套、钻夹头、活络顶尖	各 1 个	
7	材料	φ25 mm 的 45 钢棒材	1 根	
8	其他	铜棒、铜皮、毛刷等常用工具；计算机、计算器、编程用书等		选用

2. 零件的加工

（1）打开机床电源。

（2）检查机床运行正常。

（3）输入圆弧轴加工程序。

（4）程序录入后试运行，检查刀路路径正确。

（5）进行工、量、刀、夹具的准备。

（6）工件安装。

（7）装刀及对刀。建立工件坐标系，对切槽刀时，以左侧刀尖来对刀。

（8）加工零件。实施切削加工作为单件加工或批量的首件加工，为了避免尺寸超差，应在对刀后把 X 向的刀补加大 0.5 mm 再加工，精车后检测尺寸、修改刀补，再次精车。

实际操作过程中遇到的问题和解决措施记录于表 3-5 中。

表 3-5　遇到的问题和解决措施

遇到的问题	解决措施
机床开机报警 EMG	松开紧急停止旋钮，再按面板上的复位键，机床将复位
机床面板上坐标按钮灯闪烁	让各坐标回参考点
程序不能输入数控系统	切换到编辑模式
程序验证时，图形界面看不到运行轨迹	调整放大比例
建立工件坐标系时，如何确定刀尖点	采用试切法对外圆车刀进行对刀

3. 关闭机床电源操作

拆卸工件、刀具、打扫机床并在机床工件台面上涂机油，完毕后关闭机床电源。

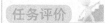

1. 小组自查

小组加工完成后对零件进行去毛刺和尺寸的检测，零件检测的评分表如表 3-6 所示。【秉持诚实守信、认真负责的工作态度，强化质量意识，严格按图纸要求加工出合格产品，并如实填写检测结果】

表 3-6　圆弧轴的小组检测评分表

序号	考核项目	考核要求	配分	评分标准	检测结果	得分	备注
1	形状	曲面光滑	15	形状与图样不符，每处扣 1 分			
2	尺寸精度	ϕ12 mm±0.02 mm	10	超差 0.01 mm 扣 3 分			
		ϕ24 mm±0.02 mm	10	超差 0.01 mm 扣 3 分			
		10 mm±0.02 mm	10	超差 0.01 mm 扣 3 分			
		37 mm±0.02 mm	10	超差 0.01 mm 扣 3 分			
3	表面粗糙度	Ra3.2 μm	5	超差 0.01 mm 扣 3 分			
		Ra6.3 μm	5	超差 0.01 mm 扣 3 分			
4	机床操作（35 分）	开机及系统复位	5	出现错误不得分			
		装夹工件	5	出现错误不得分			
		输入及修改程序	15	出现错误不得分			
		正确设定对刀点	10	出现错误不得分			

2. 小组互评

组内检测完成，各小组交叉检测，填写检测报告，如表 3-7 所示。

表 3-7　圆弧轴的检测报告

零件名称		加工小组	
零件检测人		检测时间	
零件检测概况			
存在问题		完成时间	
检测结果	主观评价	零件质量	材料移交

3. 展示评价

各组展示作品，介绍任务完成过程、零件加工过程视频、零件检测结果、技术文档并提交汇报材料，进行小组自评、组间互评、教师评价，完成考核评价表，如表 3-8 所示。

表 3-8　考核评价表

评价项目	序号	技术要求	配分	评分标准	自评 30%	互评 30%	师评 40%	得分
专业能力 (60分)	1	程序正确完整	10	不规范每处扣1分				
	2	切削用量合理	5	每错一处扣1分				
	3	工艺过程规范合理	5	不合理每处扣1分				
	4	刀具选择正确	5	不正确每处扣1分				
	5	对刀及坐标系设定正确	10	不正确每处扣1分				
	6	机床操作规范	5	不规范每处扣1分				
	7	尺寸精度符合要求	10	不合格每处扣1分				
	8	表面粗糙度及形位公差符合要求	10	不合格每处扣1分				
职业素养 (30分)	1	分工合理，制订计划能力强，严谨认真	5	根据学员的学习情况、表达沟通能力、合作能力和创新能力综合给分				
	2	安全文明生产，规范操作、爱岗敬业、责任意识	5					
	3	团队合作、交流沟通、互相协作、分享能力	5					
	4	遵守行业规范、企业标准	5					
	5	主动性强，保质保量完成工作任务	5					
	6	采取多样化手段收集信息、解决问题	5					
创新意识 (10分)	1	创新性思维和行动	10					

任务复盘

1. 轴类零件的编程与加工项目基本过程

本项目需要经过四个阶段：

1）数控加工工艺分析

（1）确定加工内容：零件的端面和外圆尺寸。

（2）毛坯的选择：确定毛坯的直径和长度。

（3）机床选择：确定机床的型号。

（4）确定装夹方案和定位基准。

（5）确定加工工序：以工件右端的中心点作为工件坐标系的原点，对圆弧轴进行外轮廓的粗加工，然后精加工外轮廓，最后切断工件。

（6）选择刀具及切削用量。

确定刀具几何参数及切削参数，填写数控加工刀具卡片，如表 3-9 所示。

表 3-9　数控加工刀具卡片

工步	工步内容	刀具号	刀具类型	主轴转速 $S/(r \cdot min^{-1})$	进给量 $f/(mm \cdot r^{-1})$	背吃刀量 a_p/mm

（7）结合零件加工工序安排和切削参数，填写工艺卡片，如表 3-10 所示。

表 3-10　圆弧轴加工工艺卡片

材料		零件图号		零件名称		工序号	
程序名		机床设备			夹具名称		
工步号	工步内容 （走刀路线）	G 功能	T 刀具	切削用量			
				转速 n $/(r \cdot min^{-1})$	进给量 f $/(mm \cdot r^{-1})$	背吃刀量 a_p/mm	

2）数控加工程序编制

（1）工件轮廓坐标点计算。

根据工件坐标系的工件原点，计算工件外轮廓上各连接点的坐标值。

（2）确定编程内容。

根据外轮廓上各连接几何要素的形状，确定直线插补指令_____，以及外圆粗切复合循环切削指令_____，精加工指令_____，编制出零件的加工程序。

3）数控加工

确定数控机床加工零件的步骤：输入数控加工程序→验证加工程序→查看加工走刀路线→零件加工对刀操作→零件加工。

程序输入的模式：_____

程序验证的模式：_____

单把刀对刀步骤：_____

_____

_____

零件加工的模式：_____

4）零件检测

工、量、检具的选择和使用。

_____

_____

2. 总结归纳

通过圆弧轴零件编程与加工项目设计和实施，对所学、所获进行归纳总结。

_____

_____

3. 存在问题/解决方案/优化可行性

_____

_____

_____

拓展提高

1. 编程与车削

完成图 3-3 所示圆弧轴的编程与车削加工，材料 45 钢，生产规模为单件。

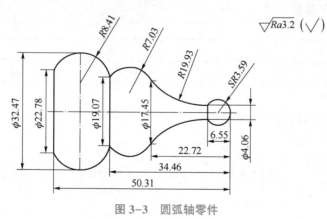

图 3-3 圆弧轴零件

2. 任务分析

_____

_____

_____

3. 任务决策

（1）确定毛坯尺寸。

（2）机床、夹具、刀具的选择。

（3）加工工序安排。

（4）走刀路线的确定。

（5）切削用量的选择。

（6）填写工艺卡片，如表 3-11 所示。

表 3-11　工艺卡片

材料		零件图号		零件名称	圆弧轴	工序号	
程序名		机床设备			夹具名称		
工步号	工步内容 （走刀路线）	G 功能	T 刀具	切削用量			
				转速 n /(r·min^{-1})	进给量 f /(mm·r^{-1})	背吃刀量 a_{p}/mm	

4. 任务实施

1）编制加工程序

_____

_____

2）零件加工步骤

_____

_____

3）零件检测

按表 3-12 内容进行小组零件检测。

表 3-12　小组检测评分表

序号	考核项目	考核要求	配分	评分标准	检测结果	得分	备注
1	形状	圆弧和轴肩	10	形状与图样不符， 每处扣 1 分			
2	尺寸精度	SR3.59 mm（IT7）	10	超差 0.01 mm 扣 3 分			
		R19.93 mm（IT7）	10	超差 0.01 mm 扣 3 分			
		R7.03 mm（IT7）	10	超差 0.01 mm 扣 3 分			
		R8.41 mm（IT7）	10	超差 0.01 mm 扣 3 分			
		50.31 mm（IT7）	10	超差 0.01 mm 扣 3 分			

序号	考核项目	考核要求	配分	评分标准	检测结果	得分	备注
3	表面粗糙度	$Ra3.2\ \mu m$	10	超差 0.01 mm 扣 3 分			
4	机床操作	开机及系统复位	5	出现错误不得分			
		装夹工件	5	出现错误不得分			
		输入及修改程序	10	出现错误不得分			
		正确设定对刀点	10	出现错误不得分			

通过小组自评、组间互评和教师评价，完成考核评价表 3-13。

表 3-13　考核评价表

评价项目	序号	技术要求	配分	评分标准	自评 30%	互评 30%	师评 40%	得分
专业能力（60分）	1	程序正确完整	10	不规范每处扣 1 分				
	2	切削用量合理	5	每错一处扣 1 分				
	3	工艺过程规范合理	5	不合理每处扣 1 分				
	4	刀具选择正确	5	不正确每处扣 1 分				
	5	对刀及坐标系设定正确	10	不正确每处扣 1 分				
	6	机床操作规范	5	不规范每处扣 1 分				
	7	尺寸精度符合要求	10	不合格每处扣 1 分				
	8	表面粗糙度及形位公差符合要求	10	不合格每处扣 1 分				
职业素养（30分）	1	分工合理，制订计划能力强，严谨认真	5	根据学员的学习情况、表达沟通能力、合作能力和创新能力综合给分				
	2	安全文明生产，规范操作、爱岗敬业、责任意识	5					
	3	团队合作、交流沟通、互相协作、分享能力	5					
	4	遵守行业规范、企业标准	5					
	5	主动性强，保质保量完成工作任务	5					
	6	采取多样化手段收集信息、解决问题	5					
创新意识（10分）	1	创新性思维和行动	10					

5. 任务总结

从以下几方面进行总结与反思：

（1）对工件尺寸精度和表面质量进行评价，找出尺寸超差或表面质量缺陷的原因，提出改进方法。

（2）对工艺合理性、加工效率、刀具寿命等方面进行评价，进一步优化切削参数。

（3）对整个加工过程中出现的违反 5S 管理、安全文明生产等操作进行反思。

自我评估与总结：

_____

_____

知识链接

1. 端面粗车复合循环指令 G73

所谓的仿形切削循环就是按照一定的切削形状逐渐地接近最终 G73 指令视频讲解
形状，其运动轨迹始终平行于最终轮廓，同时考虑到每次的吃刀
量，在一开始离开最终轮廓的距离应该远一些。这种方式对于铸造或锻造毛坯的切削
是一种效率很高的方法，G73 指令运行轨迹如图 3-4 所示。

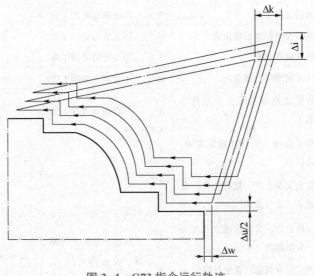

图 3-4　G73 指令运行轨迹

指令格式：G73 U(Δi) W(Δk) R(d)；

　　　　　　G73 P(ns) Q(nf) U(Δu) W(Δw) F(f) S(s) T(t)；

式中，Δi——X 轴总退刀量，半径值，（毛坯直径-加工尺寸最小值）/2；

　　　Δk——Z 轴总退刀量；

　　　d——走刀次数；

　　　ns——精加工路线程序段群的第一个程序段的顺序段号；

　　　nf——精加工路线程序段群的最后一个程序段的顺序段号；

　　　Δu——X 轴方向上的精加工余量（直径值），单位为 mm，缺省输入时，系统

按 $\Delta u = 0$ 处理；

Δw——Z 轴方向上的精加工余量，单位为 mm；缺省输入时，系统按 $\Delta w = 0$ 处理；

f——进给速度。

在此应注意以下几点：

（1）ns~nf 程序段必需紧跟在 G73 程序段后编写，完成 G73 指令后，会接着执行紧跟 nf 程序段的下一段程序。

（2）在使用 G73 进行粗加工循环时，只有含在 G73 程序段中的 F、S、T 功能才有效；而包含在 ns~nf 程序段中的 F、S、T 功能，即使被指定，对粗车循环也无效，只在精车循环有效。

（3）顺序号 ns 的程序段中只能含有 G00 或 G01 指令，而且必须指定，不能含有 Z 轴指令。

（4）ns~nf 程序段之间必须符合 X 轴、Z 轴方向的共同单调增大或减小的模式。

（5）在顺序号 ns~nf 的程序段中，不能有以下指令：

①除 G04（暂停）外的其他 00 组 G 指令。

②除 G00、G01、G02、G03 外的其他 01 组 G 指令。

③子程序调用指令（如 M98/M99）。

2. 轴类精加工循环指令

指令格式：G70　P(ns)　Q(nf)；

式中，ns——开始精车轮廓程序段号；

　　　nf——完成精车轮廓程序段号。

功能：由 G71、G72、G73 完成粗加工后，可以用 G70 进行精加工。切削 G71、G72、G73 循环留下的余量，使工件达到编程路径所要求的尺寸。

注意事项如下：

（1）必须先使用 G71、G72 或 G73 指令后，才可使用 G70 指令。

（2）G70 指令指定 ns~nf 间精车的程序段中，不能调用子程序。

（3）ns~nf 的精车程序段所有指令的 F 及 S 在执行 G70 精车时使用。即 G71、G72、G73 程序段中的 F、S、T 的指令，都在 G70 精车中无效，只有在 ns~nf 程序段中的 F、S、T 才对 G70 有效。

【圆弧轴零件编程与加工案例教学视频】

圆弧轴零件的数控工艺分析

圆弧轴零件的数控编程

一、单项选择题

1. 安全文化的核心是树立（　　）的价值观念，真正做到"安全第一，预防为主"。

A. 以产品质量为主　B. 以经济效益为主　C. 以人为本　　　　D. 以管理为主

2. 遵守法律法规不要求（　　）。

A. 遵守国家法律和政策　　　　　　　B. 遵守安全操作规程

C. 加强劳动协作　　　　　　　　　　D. 遵守操作程序

3. 职业道德的内容不包括（　　）。

A. 职业道德意识　　　　　　　　　　B. 职业道德行为规范

C. 从业者享有的权利　　　　　　　　D. 职业守则

4. 在程序段 G73　U(Δi)　W(Δk)　R(d)中，Δi 表示（　　）。

A. 切深　　　　　　　　　　　　　　B. X 方向上的精加工余量

C. X 方向总退刀量

5. 下列说法错误的是：（　　）。

A. G71 指令第一个程序段不能有 Z 方向的坐标移动

B. G71 指令最后一个程序段必须由直线移动指令来指定

C. G72 指令第一个程序段不能有 X 方向的坐标移动

D. G73 指令最后一个程序段必须由直线移动指令来指定

6. 在 FANUC 系统数控车床编程中，程序段：

　　　　N10　G73　U10　W2　R10;

　　　　N20　G73　P10　Q20　U0.2　W0.1　F0.2;

其中 U0.2 表示（　　）。

A. X 方向的精车余量　　　　　　　B. 背吃刀量

C. 退刀量

7. （　　）是仿形粗车循环。

A. G72　　　　　　　B. G73　　　　　　　C. G71

二、判断题

（　　）1. G72 指令的循环路线与 G71 指令不同之处在于它是沿 X 轴方向进行车削循环加工的。

（　　）2. 程序段 G72 P35 Q60 U1.0 W2.0 S500 中，U1.0 的含义是 X 轴方向的精加工余量直径值。

（　　）3. 在 FANUC 系统中，G70 指令是精加工循环指令，用于 G72 加工后的精加工。

（　　）4. G73 指令适用于加工铸造、锻造已成形的毛坯零件。

任务4 槽类轴零件编程与加工

 任务描述

本项目要求在 FUNAC 0iT 系统的数控车床上加工如图 4-1 所示的槽类轴零件。对图 4-1 中零件进行工艺分析，编制零件的加工程序，利用数控车床加工、检测槽类轴零件的尺寸和精度、质量分析等内容，工作过程进行详解。

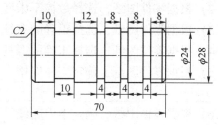

图 4-1　槽类轴零件

 任务分组

【团队合作、协调分工，共同讨论、分析任务】

将班级学生分组，4 人或 5 人为一组，由轮值安排生成组长，使每个人都有培养组织协调和管理能力的机会。每人都有明确的任务分工，4 人分别代表项目组长、工艺设计工程师、数控车技师、产品验收工程师，模拟槽类轴零件项目实施过程，培养团队合作、互帮互助精神和协同攻关能力。项目分组如表 4-1 所示。

表 4-1　项目分组

项目组长		组名	指导教师
团队成员	学号	角色指派	备注
		项目组长	统筹计划、进度、安排和团队成员协调，解决疑难问题
		工艺设计工程师	进行槽类轴零件工艺分析，确定工艺方案，编制加工程序
		数控车技师	进行数控车床操作，加工槽类轴零件的调试
		产品验收工程师	根据任务书、评价表对项目功能、组员表现进行打分评价

任务分析

【计划先行，谋定而后动】

1. 加工对象

（1）进行零件加工，首先要根据零件图纸，分析加工对象。
本项目的加工对象是＿＿＿＿＿＿＿＿＿＿＿＿＿＿＿＿＿＿＿＿＿＿＿

（2）零件图纸分析内容包括＿＿＿＿＿＿＿＿＿＿＿＿＿＿＿＿＿＿＿

2. 加工工艺内容

（1）根据零件图纸，选择相应的毛坯材质＿＿＿＿＿＿、尺寸＿＿＿＿＿＿

（2）根据零件图纸，选择数控车床型号＿＿＿＿＿＿＿

（3）根据零件图纸，选择正确的夹具＿＿＿＿＿＿＿

（4）根据零件图纸，选择正确的刀具＿＿＿＿＿＿＿

（5）根据零件图纸，确定工序安排＿＿＿＿＿＿＿＿＿＿＿＿＿＿＿＿＿

＿＿＿＿＿＿＿＿＿＿＿＿＿＿＿＿＿＿＿＿＿＿＿＿＿＿＿＿＿＿＿＿＿

（6）根据零件图纸，确定走刀路线＿＿＿＿＿＿＿＿＿＿＿＿＿＿＿＿＿

＿＿＿＿＿＿＿＿＿＿＿＿＿＿＿＿＿＿＿＿＿＿＿＿＿＿＿＿＿＿＿＿＿

（7）根据零件图纸，确定切削参数＿＿＿＿＿＿＿＿＿＿＿＿＿＿＿＿＿

3. 编程指令

槽类轴零件加工需要的功能指令有＿＿＿＿＿＿＿＿＿＿＿＿＿＿

零件加工程序的编制格式＿＿＿＿＿＿＿＿＿＿＿＿＿＿

4. 零件加工

（1）零件加工的工件原点取在哪个位置？

＿＿＿＿＿＿＿＿＿＿＿＿＿＿＿＿＿＿＿＿＿＿＿＿＿＿＿＿＿＿＿＿＿

（2）零件的装夹方式＿＿＿＿＿＿＿＿＿＿＿＿＿＿＿＿

（3）加工程序的调试操作步骤：

＿＿＿＿＿＿＿＿＿＿＿＿＿＿＿＿＿＿＿＿＿＿＿＿＿＿＿＿＿＿＿＿＿

5. 零件检测

（1）零件检测使用的量具和检具：＿＿＿＿＿＿＿＿＿＿

（2）零件检测的标准有哪些？

＿＿＿＿＿＿＿＿＿＿＿＿＿＿＿＿＿＿＿＿＿＿＿＿＿＿＿＿＿＿＿＿＿

任务决策

1. 加工对象

图 4-1 所示为槽类轴零件，根据任务零件的图纸和三维模型进行分析，零件中共有四个槽需要加工：其中三个是窄槽，具有相同的槽宽为 4 mm，槽深均为 2 mm，每个窄槽之间相差宽度为 8 mm；另一个是宽槽，槽宽为 10 mm，槽深为 2 mm。产品

对槽底直径 $\phi24$ mm 和槽宽尺寸有一定的精度要求。

2. 零件图工艺分析

1）毛坯的选择

选用已加工好端面、外圆和倒角的 45 钢半成品作为槽类轴零件加工的原件。

2）机床选择

考虑产品的精度要求，选用 CKY400B 型号的数控车床。

3）确定装夹方案和定位基准

此槽类轴零件，以中心轴线为工艺基准，用三爪自定心卡盘夹持已粗加工的 $\phi28$ mm 圆棒的外圆一头，使工件伸出卡盘 60 mm，用顶尖顶持另一头，一次装夹完成所有槽的粗、精加工。其中零件端面为设计基准，长度为测量基准，工件坐标系原点为右端面与轴线的交点。

4）确定加工顺序及进给路线

该零件的外圆表面和倒角已加工，零件端面为设计基准，也是长度方向的测量基准，根据四个槽的尺寸和精度，可以先进行粗加工，先粗车 3 个 4 mm×$\phi24$ mm 窄槽，再粗车 10 mm×$\phi24$ mm 的宽槽，分别在四个槽底都留精加工余量，最后精车 4 个槽。

5）选择刀具及切削用量

选择刀具时需要根据零件结构特征确定刀具类型，工件的主要加工内容为外圆表面槽的加工，因此选用外圆切槽刀。在工件外圆表面上的 4 个槽中，其中有 3 个槽的槽宽为 4 mm，则切槽刀的刀片宽度最优选择为 4 mm，此刀具也可用于 10 mm 宽槽的加工。根据机械设计手册选择硬质合金钢材质的刀具，选用 25 mm×25 mm 的标准刀杆。

6）切削参数的确定

查询机械设计手册，根据 45 钢毛坯材料使用硬质合金钢的外圆切槽刀，工件切槽时的切削速度如表 4-2 所示。

表 4-2　槽加工切削速度选择

工件材料	刀具材料	材料硬度	耐热度/℃	切削速度/($m \cdot min^{-1}$)
45 钢	高速钢	HRC66~70	600~645	3
	硬质合金钢	HRA90~92	800~1 000	30~70

粗加工切削速度选择为 40 m/min，精加工切削速度为 50 m/min。

切削速度 v_c 确定后，根据工件直径按下面的公式确定主轴转速

$$n = \frac{1\ 000 v_c}{\pi d}$$

式中，v_c——切削速度（m/min）；

n——主轴转速（r/min）；

d——工件直径（mm）。

通过计算，确定加工时的主轴转速，与进给量和背吃刀量共同填入表 4-3 工艺卡片。

表 4-3　外圆槽加工工艺卡

材料	45 钢	零件图号		零件名称	外圆槽	工序号	001
程序名	O4001 O4002 O4003	机床设备		FANUC 0iT 数控车床		夹具名称	三爪自定心卡盘
工步号	工步内容 （走刀路线）		G 功能	T 刀具	切削用量		
					转速 n $/(\mathrm{r \cdot min^{-1}})$	进给量 f $/(\mathrm{mm \cdot r^{-1}})$	背吃刀量 a_p/mm
1	粗切窄槽		G01	T0101	1.5	300	0.1
2	粗切宽槽		G75	T0101	1.5	300	0.1
3	精切窄槽		G01	T0101	0.5	450	0.05
4	精切宽槽		G01	T0101	0.5	450	0.05

3. 程序编制

1）工件轮廓坐标点计算

零件图纸中，三个窄槽的加工以切槽刀的左刀尖为定位点。零件从右往左看，第一个槽的定位点为 $A(32,-12)$，即在 X 轴的方向上留出 2 mm 的安全距离，防止切槽刀与工件发生碰撞；Z 轴的距离就是槽宽 4 mm 与槽间距 8 mm 的和，粗加工刀具沿 X 轴向切削至点 $B(23,-12)$ 处，刀具再沿 X 轴向返回切削起始点，从而完成第一个窄槽的加工。剩下的两个窄槽与第一个槽之间均匀分布，每个槽的定位间隔为 12 mm。槽类轴加工坐标点如图 4-2 所示。

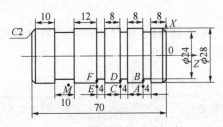

图 4-2　槽类轴加工坐标点

坐标值：$A(32,-12)$、$B(23,-12)$、$C(32,-24)$、$D(23,-24)$、$E(32,-36)$、$F(23,-36)$。

宽槽加工时，考虑精加工余量，循环指令的循环点 M 为（32，-48.5），每次进刀深度 1.5 mm，每次移动宽度为 2.5 mm。

2）刀具的走刀路线

槽类轴零件的工序安排是先粗车 4 个槽，后精车切槽。粗加工中，三个窄槽一次走刀完成切削，宽槽分三次走刀完成。窄槽的加工中，粗加工切削量为 1.5 mm 的深度，留 0.5 mm 深度在精加工中完成，槽宽即为刀具的宽度。10 mm 宽槽的加工分三次走刀，第一次切削宽度为 4 mm，第二次为 2.5 mm，第三次为 2.5 mm，每次切削都重复切削 1.5 mm 的宽度，防止槽底留有毛刺，槽底和两侧都预留 0.5 mm 的精加工余量。走刀路线如图4-3所示。

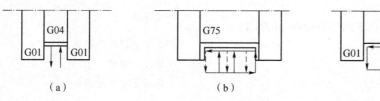

图 4-3 走刀路线

（a）窄槽加工；（b）宽槽粗加工；（c）宽槽精加工

3）确定编程内容

（1）粗切窄槽：确定每个窄槽的定位点，结合 G01 和 G04 指令的功能，第一个窄槽的加工路线同样适用于另两个窄槽，因而考虑编程时将第一个窄槽的加工路线编制成子程序，然后分别在不同的定位点处调用子程序进行加工。

（2）粗切宽槽：宽槽的加工分为三次走刀，多次走刀的路线，可以运用 G75 指令进行宽槽的循环切削。

（3）精车窄槽：将粗车后的工件，根据精加工切削参数，进行三个窄槽的精加工。

（4）精车宽槽。由于粗加工时在槽的两侧和底部都留有余量，因此精加工时，需要对两侧和底部的余量进行切削。

4）编写数控加工程序

程序内容（FANUC 程序）	注　释
O4001;	窄槽粗加工子程序
N10 G01 X25 F0.1;	刀具切削至槽底，留精加工余量
N20 G04 X2;	槽底停留 2 s
N30 G01 X32;	刀具退刀
N40 G00 W-12;	移至下一个切槽定位点
N50 M99;	
O4002;	窄槽精加工子程序
N10 G01 X24 F0.1;	刀具切削至槽底
N20 G04 X2;	槽底停留 2 s
N30 G01 X32;	刀具退刀
N40 G00 W-12;	移至下一个切槽定位点
N50 M99;	
O4000;	切槽加工主程序
N10 G00 X100 Z100;	快速移动到换刀点
N15 T0101;	换切槽刀
N20 M03 S400 M08;	转速为 400 r/min
N30 G00 X32 Z-12;	刀具至窄槽切削起点
N40 M98 P30201;	粗切三个窄槽

N50 G00 X32 Z-52.5;　　　　　　　　　　刀具至宽槽切削起点

N60 G75 R2;

　　　　　　　　　　　　　　　　　　　　粗切宽槽

N70 G75 X25 Z-57.5 P1750 Q2500 R0 F0.1;

N80 G00 X32 Z-12;　　　　　　　　　　　刀具至窄槽切削起点

N90 M98 P30202;　　　　　　　　　　　　精切三个窄槽

N100 G00 X32 Z-52;　　　　　　　　　　刀具至宽槽切削起点

N110 G01 X24 Z-52 F0.05;

N120 G01 X24 Z-58;　　　　　　　　　　精切宽槽

N130 G01 X32 Z-58;

N140 G00 X100 Z100;　　　　　　　　　　刀具返回换刀点

N150 M30;　　　　　　　　　　　　　　　程序结束并返回开始处

1. 领用工具

槽类轴零件数控车削加工所需的工、刀、量具如表4-4所示。

表4-4　槽类轴零件数控车削加工所需的工、刀、量具

序号	名称	规　　格	数量	备注
1	游标卡尺	0~150 mm、0.02 mm	1把	
2	千分尺	0~25 mm，25~50 mm，50~75 mm	各1把	
3	百分表	0~10 mm、0.01 mm	1把	
4	切断刀	刀片厚度为4 mm	1把	
5	辅具	活络顶尖	各1个	
6	材料	ϕ30 mm的45钢棒材	1根	
7	其他	铜棒、铜皮、毛刷等常用工具；计算机、计算器、编程用书等		选用

2. 零件的加工

（1）打开机床电源。

（2）检查机床运行正常。

（3）输入槽类轴加工程序。

（4）程序录入后试运行，检查刀路路径正确。

（5）进行工、量、刀、夹具的准备。

（6）工件安装。

（7）装刀及对刀。建立工件坐标系，对切槽刀时，以左侧刀尖为刀位点进行对刀。

（8）加工零件。实施切削加工作为单件加工或批量的首件加工，为了避免尺寸超差，应在对刀后把 X 向的刀补加大0.5 mm再加工，精车后检测尺寸、修改刀补，再次精车。

实际操作过程中遇到的问题和解决措施记录于表4-5中。

表 4-5　遇到的问题及解决措施

遇到的问题	解决措施
机床开机报警 EMG	
机床面板上坐标按钮灯闪烁	
程序不能输入数控系统	
程序验证时，刀具运行轨迹异常	
建立工件坐标系时，如何确定刀尖点	

3. 关闭机床电源操作

拆卸工件、刀具、打扫机床并在机床工作台面上涂机油，完毕后关闭机床电源。

任务评价

1. 小组自查

小组加工完成后对零件进行去毛刺和尺寸的检测，零件检测的评分表如表 4-6 所示。【秉持诚实守信、认真负责的工作态度，强化质量意识，严格按图纸要求加工出合格产品，并如实填写检测结果】

表 4-6　槽类轴零件的小组检测评分表

序号	考核项目	考核要求	配分	评分标准	检测结果	得分	备注
1	形状	四个槽	10	形状与图样不符，每处扣 1 分			
2	尺寸精度	ϕ24 mm	15	超差 0.01 mm 扣 3 分			
		窄槽宽度 4 mm	30	超差 0.01 mm 扣 3 分			
		宽槽宽度 10 mm	15	超差 0.01 mm 扣 3 分			
3	机床操作	开机及系统复位	5	出现错误不得分			
		装夹工件	5	出现错误不得分			
		输入及修改程序	10	出现错误不得分			
		正确设定对刀点	10	出现错误不得分			

2. 小组互评

组内检测完成，各小组交叉检测，填写检测报告，如表 4-7 所示。

表 4-7　槽类轴零件的检测报告

零件名称		加工小组	
零件检测人		检测时间	
零件检测概况			

存在问题		完成时间	
检测结果	主观评价	零件质量	材料移交

3. 展示评价

各组展示作品，介绍任务完成过程、零件加工过程视频、零件检测结果、技术文档并提交汇报材料，进行小组自评、组间互评、教师评价，完成考核评价表，如表4-8所示。

表4-8 考核评价表

评价项目	序号	技术要求	配分	评分标准	自评 30%	互评 30%	师评 40%	得分
专业能力（60分）	1	程序正确完整	10	不规范每处扣1分				
	2	切削用量合理	5	每错一处扣1分				
	3	工艺过程规范合理	5	不合理每处扣1分				
	4	刀具选择正确	5	不正确每处扣1分				
	5	对刀及坐标系设定正确	10	不正确每处扣1分				
	6	机床操作规范		不规范每处扣1分				
	7	尺寸精度符合要求	10	不合格每处扣1分				
	8	表面粗糙度及形位公差符合要求	10	不合格每处扣1分				
职业素养（30分）	1	分工合理，制订计划能力强，严谨认真	5	根据学员的学习情况、表达沟通能力、合作能力和创新能力综合给分				
	2	安全文明生产，规范操作、爱岗敬业、责任意识	5					
	3	团队合作、交流沟通、互相协作、分享能力	5					
	4	遵守行业规范、企业标准	5					
	5	主动性强，保质保量完成工作任务	5					
	6	采取多样化手段收集信息、解决问题	5					
创新意识（10分）	1	创新性思维和行动	10					

任务复盘

1. 槽类轴零件的编程与加工项目基本过程

本项目需要经过四个阶段：

1）数控加工工艺分析

（1）确定加工内容：三个窄槽和一个宽槽。

（2）毛坯的选择：已加工好外圆轮廓的半成品。

（3）机床选择：确定机床的型号。

（4）确定装夹方案和定位基准。

（5）确定加工工序：以工件右端的中心点作为工件坐标系的原点。对槽类轴零件进行切槽的粗加工，然后精加工切槽。

（6）选择刀具及切削用量。

确定刀具几何参数及切削参数，填写数控加工刀具卡片，如表4-9所示。

表4-9　数控加工刀具卡片

工步	工步内容	刀号	刀具类型	主轴转速 $S/(r \cdot min^{-1})$	进给量 $f/(mm \cdot r^{-1})$	背吃刀量 a_p/mm

（7）结合零件加工工序安排和切削参数，填写工艺卡片，如表4-10所示。

表4-10　工艺卡片

材料		零件图号		零件名称		工序号	
程序名		机床设备			夹具名称		
工步号	工步内容（走刀路线）	G功能	T刀具	切削用量			
				转速 n $/(r \cdot min^{-1})$	进给量 f $/(mm \cdot r^{-1})$	背吃刀量 a_p/mm	

2）数控加工程序编制

（1）工件轮廓坐标点计算。

根据工件坐标系的工件原点，计算工件外轮廓上各连接点的坐标值。

（2）确定编程内容。

根据外轮廓上各连接几何要素的形状，确定刀具的运动，快速点定位指令_____，窄槽切削加工指令_____，宽槽切削加工指令_____，编制出零件的加工程序。

3）数控加工

确定数控机床加工零件的步骤：输入数控加工程序→验证加工程序→查看加工走刀路线→零件加工对刀操作→零件加工。

程序输入的模式：_____

程序验证的模式：_____

多把刀对刀步骤：_____

_____

_____

零件加工的模式：_____

4）零件检测

工、量、检具的选择和使用。

_____

_____

2. 总结归纳

通过槽类零件编程与加工项目设计和实施，对所学、所获进行归纳总结。

_____

_____

3. 存在问题/解决方案/优化可行性

_____

_____

_____

拓展提高

1. 编程与切削

完成图4-4所示槽类轴零件的编程与切削加工，材料45钢，生产规模为单件。

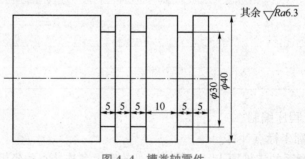

图4-4　槽类轴零件

2. 任务分析

_____

_____

_____

_____

3. 任务决策

(1) 确定毛坯尺寸。

(2) 机床、夹具、刀具的选择。

(3) 加工工序安排。

(4) 走刀路线的确定。

(5) 切削用量的选择。

(6) 填写工艺卡片，如表 4-11 所示。

材料		零件图号		零件名称		工序号	
程序名		机床设备			夹具名称		
工步号	工步内容（走刀路线）	G 功能	T 刀具	切削用量			
				转速 n /(r·min^{-1})	进给量 f /(mm·r^{-1})	背吃刀量 a_p/mm	

4. 任务实施

1）编制加工程序

_____

_____

2）零件加工步骤

_____

_____

3）零件检测

按表 4-12 内容进行小组零件检测。

表 4-12　小组检测评分表

序号	考核项目	考核要求	配分	评分标准	检测结果	得分	备注
1	形状	三个切槽	15	形状与图样不符，每处扣 1 分			
2	尺寸精度	ϕ30 mm	15	超差 0.01 mm 扣 3 分			
		ϕ40 mm	10	超差 0.01 mm 扣 3 分			
		10 mm	10	超差 0.01 mm 扣 3 分			
		3 个槽宽 5 mm	15	超差 0.01 mm 扣 3 分			
3	表面粗糙度	Ra6.3 μm	5	超差 0.01 mm 扣 3 分			

序号	考核项目	考核要求	配分	评分标准	检测结果	得分	备注
4	机床操作	开机及系统复位	5	出现错误不得分			
		装夹工件	5	出现错误不得分			
		输入及修改程序	10	出现错误不得分			
		正确设定对刀点	10	出现错误不得分			

通过小组自评、组间互评和教师评价，完成考核评价表4-13。

表4-13　考核评价表

评价项目	序号	技术要求	配分	评分标准	自评30%	互评30%	师评40%	得分
专业能力（60分）	1	程序正确完整	10	不规范每处扣1分				
	2	切削用量合理	5	每错一处扣1分				
	3	工艺过程规范合理	5	不合理每处扣1分				
	4	刀具选择正确	5	不正确每处扣1分				
	5	对刀及坐标系设定正确	10	不正确每处扣1分				
	6	机床操作规范	5	不规范每处扣1分				
	7	尺寸精度符合要求	10	不合格每处扣1分				
	8	表面粗糙度及形位公差符合要求	10	不合格每处扣1分				
职业素养（30分）	1	分工合理，制订计划能力强，严谨认真	5	根据学员的学习情况、表达沟通能力、合作能力和创新能力综合给分				
	2	安全文明生产、规范操作、爱岗敬业、责任意识	5					
	3	团队合作、交流沟通、互相协作、分享能力	5					
	4	遵守行业规范、企业标准	5					
	5	主动性强，保质保量完成工作任务	5					
	6	采取多样化手段收集信息、解决问题	5					
创新意识（10分）	1	创新性思维和行动	10					

5. 任务总结

从以下几方面进行总结与反思：

（1）对工件尺寸精度和表面质量进行评价，找出尺寸超差或表面质量缺陷的原因，提出改进方法。

（2）对工艺合理性、加工效率、刀具寿命等方面进行评价，进一步优化切削参数。

(3）对整个加工过程中出现的违反 5S 管理、安全文明生产等操作进行反思。
自我评估与总结：

_____

_____

知识链接

G74/G75 指令视频讲解　　　　M98、M99 指令视频讲解

1. 端面切槽循环指令 G74

G74 指令本来用于纵向断续切削，在数控车削实际多用于端面沟槽循环切削。其指令动作如图 4-5 所示，指令格式为

G74　R(e)；

G74　X(u)　Z(w)　P(Δi)　Q(Δk)　R(Δd)　F～；

式中，e——分层切削每次退刀量，其值为模态值；

u——X 向终点坐标值；

w——Z 向终点坐标值；

Δi——X 向每次的切入量，用不带符号的半径值表示；

Δk——Z 向每次的移动量；

Δd——切削到终点时的退刀量，可缺省；

F——进给速度。

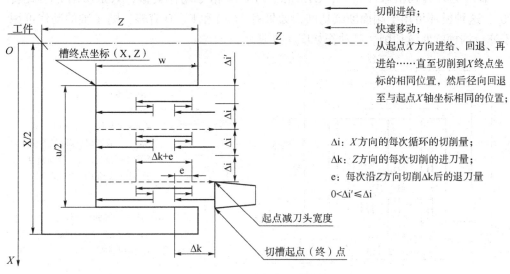

图 4-5　G74 指令运动轨迹

例：用 G74 指令编程加工图 4-6 所示工件的端面槽。

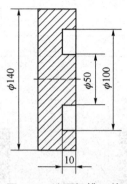

图 4-6　端面切槽工件

此例只编写在零件的端面上加工宽度为 25 mm、深度为 10 mm 的端面槽程序。刀位点设在右刀尖，刀宽 4 mm。用 G74 指令编程如下。

程序内容(FANUC 程序)	注　释
O4006;	
N10 G00 X100 Z100;	刀具移至换刀点
N20 T0202;	换切槽刀
N30 M03 S400;	主轴正转，转速为 400 r/mm
N40 G00 X50 Z3;	快速到达切槽起始点
N50 G74 R1;	端面沟槽复合循环，退刀量 1 mm
N60 G74 X92 Z-10 P2000 Q3500 F0.2;	指定槽底、槽宽及加工参数
N70 G00 X100 Z100;	刀具快速退开
N80 M30;	主程序结束并返回程序起点

2. 外径切槽固定循环 G75

G75 是外径切槽循环指令，G75 指令与 G74 指令动作类似，只是切削方向旋转 90°，这种循环可用于端面断续切削，如果将 Z(w) 和 K、D 省略，则 X 轴的动作可用于外径沟槽的断续切削。其动作如图 4-7 所示。

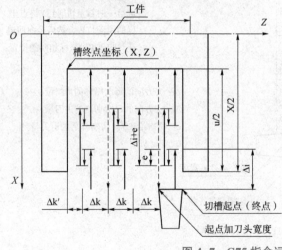

切削进给；
快速移动；
从起点 X 方向进给、回退、再进给……直至切削到 X 终点坐标的相同位置，然后径向回退至与起点 X 轴坐标相同的位置；

Δi：X 方向的每次循环的切削量；
Δk：Z 方向的每次切削的进刀量；
e：每次沿 X 方向切削 Δi 后的退刀量
$0 < \Delta k' \leqslant \Delta k$

图 4-7　G75 指令运动轨迹

G75 指令格式为：

G75 R(e)；

G75 X(u) Z(w) P(Δi) Q(Δk) R(Δd) F~；

式中，e——分层切削每次退刀量，其值为模态值；

u——X 向终点坐标值；

w——Z 向终点坐标值；

Δi——X 向每次的切入量，用不带符号的半径值表示；

Δk—— Z 向每次的移动量；

Δd—— 切削到终点时的退刀量，可缺省。

编程实例：用 G75 外径切槽循环指令加工图 4-8 中的宽槽。

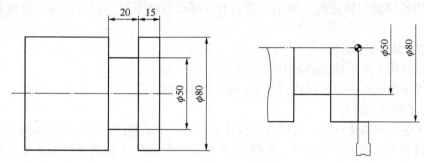

图 4-8　G75 指令切削实物图

刀具宽度为 4 mm，X 方向分四次加工，Z 方向分两次加工，程序如下：

程序内容（FANUC 程序）	注　释
O4007；	
N10 G00 X100 Z100；	刀具移至换刀点
N20 T0202；	换切槽刀
N30 M03 S400；	主轴正转，转速为 400 r/mm
N40 G00 X82 Z-19；	快速到达切槽起始点
N50 G75 R1；	外径切槽复合循环,退刀量 1 mm
N60 G75 X50 Z-35 P2500 Q2500 F40；	指定槽底、槽宽及加工参数
N70 G00 X100 Z100；	刀具快速退开
N80 M30；	主程序结束并返回程序起点

注意事项：

（1）程序段中的 Δi、Δk 值，在 FANUC 系统中不能输入小数点，而直接输入最小编程单位。如：P2500 表示径向每次切入量为 2.5 mm。

（2）退刀量 e 值要小于每次切入量 Δi。

（3）Z 向每次的移动量应略小于切槽刀刀宽值，否则会出现切削不完全现象。

（4）循环起点 X 坐标应略大于毛坯外径，Z 坐标应与槽平齐（加上切槽刀的刀宽）。

3. 子程序调用指令 M98

把程序中某些固定顺序和重复出现的程序单独抽出来，按一定格式编成一个程序供调用，这个程序就是常说的子程序。子程序可以被主程序调用，同时子程序也可以调用另一个子程序，这样可以简化程序的编制和节省 CNC 系统的内存空间。

1）子程序的编程格式

在子程序的开头编制子程序号，在子程序的结尾用 M99 指令。

O××××；

………

M99；

2）子程序的调用格式

M98 P×××× ××××；

地址 P 后面的八位数字中，前四位表示调用次数，后四位表示子程序的程序名，采用此种调用格式时，调用次数前的 0 可以省略不写，但子程序号前的 0 不可省略。

例如：M98 P50010；

表示调用 5 次子程序 O0010。

主程序调用同一子程序执行加工，最多可执行 999 次。

3）子程序的嵌套

为了进一步简化程序，可以让子程序调用另一个子程序，这一功能称为子程序的嵌套，最多可调用 4 层子程序，如图 4-9 所示（不同的系统其执行的次数及层次可能不同）。

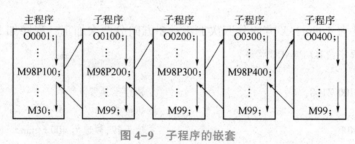

图 4-9　子程序的嵌套

例：以 FUNAC 系统子程序指令加工图 4-10 所示工件上的四个槽。

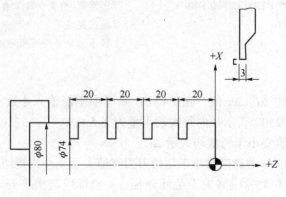

图 4-10　多槽轴

选用切槽刀片宽度为 3 mm，分别编制主程序和子程序如下：

主程序

O4008；

G00 X100 Z100；

T0101；

M03 S600；

G00 X82.0 Z0；

M98 P44009；（调用子程序 O4009 执行四次，切削四个凹槽）

G00 X100.0 Z100.0；

M30；

子程序

O4009；

G00 W-20.0；

G01 X74.0 F0.08；

G00 X82.0；

M99；

M99 指令也可用于主程序最后程序段，此时程序执行指针会跳回主程序的第一程序段继续执行此程序，所以此程序将一直重复执行，除非按下 RESET 键才能中断执行。

【槽类零件编程与加工案例教学视频】

槽类零件的数控工艺分析　　　　　槽类零件的数控加工编程

 职业技能鉴定理论试题

一、单项选择题

1. 职业道德的形成和发展要经过职业道德教育、职业道德实践、职业道德评价、职业道德修养四个环节，其中（　　　）是关键。

A. 职业道德教育　　　　　　　　　B. 职业道德修养

C. 职业道德评价　　　　　　　　　D. 职业道德实践

2. 编程语句中 M98 P467820；表示调用的子程序名为（　　　）。

A. O4678　　　　B. O6782　　　　C. O7820　　　　D. O820

3. 子程序调用结束使用（　　　）。

A. M98　　　　B. M99　　　　C. G98　　　　D. G99

4. 编程加工外槽时，切槽前的刀尖定位点的直径应比外圆直径尺寸（　　　）。

A. 小　　　　B. 相等　　　　C. 大　　　　D. 无关

5. 关于 G75 指令，下列说法错误的是（　　）（FANUC 系统）。

A. G75 是端面深孔钻循环指令　　　　B. 使用 G75 指令可以简化编程

C. G75 指令可实现断屑加工　　　　　D. G75 可用于径向沟槽的切削加工

6. FANUC 系统中，在主程序中连续调用 O0100 子程序 10 次，其正确的指令是（　　）。

A. M98 O100100　　　　　　　　　B. M99 O100100

C. M98 P100100　　　　　　　　　D. M98 P10100

7. 程序段 G74 Z−80.0 Q20.0 F0.15 中的（　　）其含义是间断走刀长度。

A. Q20.0　　　　B. Z−80.0　　　　C. F0.15　　　　D. G74

8. G75 指令主要用于宽槽的（　　）。

A. 粗加工　　　　B. 半精加工　　　　C. 精加工　　　　D. 超精加工

二、判断题

（　　）1. M98、M99 为一组模态指令。

（　　）2. 子程序的第一个程序段和最后一个程序段必须用 G00 指令进行定位。

（　　）3. 在主程序和子程序中传送数据必须使用公共变量。

（　　）4. FUNUC 系统中，数控车固定循环 G74 指令是钻孔循环功能。

（　　）5. G74 格式第一行中的 R 值表示 X 向退刀量，该值为半径量。

（　　）6. 执行 G75 指令，刀具完成一次径向切削后，在 Z 方向的偏移方向是由指令中的参数 P 的正负号确定的。

（　　）7. 棒料毛坯粗加工时，使用 G74 指令可简化编程。

（　　）8. 程序段 G74 Z−52.0 Q30.0 F0.15 中，Q30.0 的含义是退刀长度。

任务 5　螺纹轴零件编程与加工

任务描述

本项目要求在 FUNAC 0iT 系统的数控车床上加工如图 5-1 所示的螺纹轴零件。对螺纹轴零件进行工艺分析，编制零件的加工程序，利用数控车床加工、检测螺纹轴零件的尺寸和精度、质量分析等内容，工作过程进行详解。

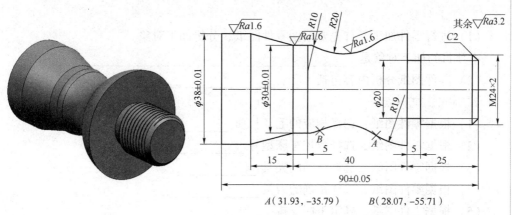

A(31.93, -35.79)　　*B*(28.07, -55.71)

图 5-1　螺纹轴零件

任务分组

【团队合作、协调分工；共同讨论、分析任务】

将班级学生分组，4 人或 5 人为一组，由轮值安排生成组长，使每个人都有培养组织协调和管理能力的机会。每人都有明确的任务分工，4 人分别代表项目组长、工艺设计工程师、数控车技师、产品验收工程师，模拟螺纹轴项目实施过程，培养团队合作、互帮互助精神和协同攻关能力。项目分组如表 5-1 所示。

表 5-1　项目分组

项目组长		组名	指导教师	
团队成员	学号	角色指派	备注	
		项目组长	统筹计划、进度、安排和团队成员协调，解决疑难问题	
		工艺设计工程师	进行螺纹轴工艺分析，确定工艺方案，编制加工程序	

项目组长		组名		指导教师	
团队成员	学号	角色指派		备注	
		数控车技师		进行数控车床操作，加工螺纹轴的调试	
		产品验收工程师		根据任务书、评价表对项目功能、组员表现进行打分评价	

任务分析

【计划先行，谋定而后动】

1. 加工对象

（1）进行零件加工，首先要根据零件图纸，分析加工对象。

本项目的加工对象是＿＿＿＿＿＿＿＿＿＿＿＿＿＿＿＿＿＿＿＿

（2）零件图纸分析内容包括＿＿＿＿＿＿＿＿＿＿＿＿＿＿＿＿＿

2. 加工工艺内容

（1）根据零件图纸，选择相应的毛坯材质＿＿＿＿＿、尺寸＿＿＿＿＿

（2）根据零件图纸，选择数控车床型号＿＿＿＿＿＿＿＿

（3）根据零件图纸，选择正确的夹具＿＿＿＿＿＿＿

（4）根据零件图纸，选择正确的刀具＿＿＿＿＿＿＿

（5）根据零件图纸，确定工序安排＿＿＿＿＿＿＿＿＿＿＿＿＿＿＿

＿＿＿＿＿＿＿＿＿＿＿＿＿＿＿＿＿＿＿＿＿＿＿＿＿＿＿＿＿＿＿

（6）根据零件图纸，确定走刀路线＿＿＿＿＿＿＿＿＿＿＿＿＿＿＿

＿＿＿＿＿＿＿＿＿＿＿＿＿＿＿＿＿＿＿＿＿＿＿＿＿＿＿＿＿＿＿

（7）根据零件图纸，确定切削参数＿＿＿＿＿＿＿＿＿＿＿＿＿＿＿

3. 编程指令

螺纹轴加工需要的功能指令有＿＿＿＿＿＿＿＿＿＿＿＿

零件加工程序的编制格式＿＿＿＿＿＿＿＿＿＿＿＿＿

4. 零件加工

（1）零件加工的工件原点取在哪个位置？

＿＿＿＿＿＿＿＿＿＿＿＿＿＿＿＿＿＿＿＿＿＿＿＿＿＿＿＿＿＿＿

（2）零件的装夹方式＿＿＿＿＿＿＿＿＿＿＿＿＿＿＿＿＿

（3）加工程序的调试操作步骤：

＿＿＿＿＿＿＿＿＿＿＿＿＿＿＿＿＿＿＿＿＿＿＿＿＿＿＿＿＿＿＿

5. 零件检测

（1）零件检测使用的量具：＿＿＿＿＿＿＿＿＿＿

（2）零件检测的标准有哪些？

＿＿＿＿＿＿＿＿＿＿＿＿＿＿＿＿＿＿＿＿＿＿＿＿＿＿＿＿＿＿＿

1. 加工对象

图 5-1 所示为螺纹轴，零件需要加工端面、外圆轮廓、切槽以及外圆螺纹。外圆轮廓由圆弧和线段组合而成，切槽宽度为 5 mm，螺纹型号为 M24×2，对产品的表面精度有一定的要求。

2. 零件图工艺分析

1）毛坯的选择

选用直径为 $\phi45$ mm 的 45 钢棒材，考虑夹持长度，毛坯长度确定为 135 mm。无热处理和硬度要求，单件生产。

2）机床选择

考虑产品的精度要求，选用 CKY400B 型号的数控车床。

3）确定装夹方案和定位基准

使用三爪自定心液压卡盘夹持零件的毛坯外圆 $\phi45$ mm 处，确定零件伸出合适的长度（把车床的限位距离考虑进去），零件的加工长度为 90 mm，零件完成后需要切断。切断刀宽度为 5 mm，卡盘的限位安全距离为 5 mm，因此零件应伸出卡盘总长 100 mm 以上。零件装好后离卡爪较远部分需要敲击校正，才能使工件整个轴线与主轴轴线同轴。

4）确定加工顺序及进给路线

该零件单件生产，端面为设计基准，也是长度方向测量基准，确定工序安排为先切端面，工件坐标系原点在右端；再选用外圆车刀进行螺纹轴外轮廓的粗车，然后精加工外轮廓；接着选用切断刀对螺纹轴进行切槽；其次，用螺纹刀加工螺纹；最后切断工件。

5）选择刀具及切削用量

此零件需加工端面、车外圆、切槽、切螺纹和切断，根据零件精度要求和工序安排，查找资料，上网搜集，填写表 5-2，确定刀具几何参数及切削参数。

表 5-2　刀具及切削参数

工步	工步内容	刀具号	刀具类型	主轴转速 $S/(\mathrm{r\cdot min^{-1}})$	进给量 $f/(\mathrm{mm\cdot r^{-1}})$	背吃刀量 $a_{\mathrm{p}}/\mathrm{mm}$
1	平端面	T01	55°外圆车刀	850	0.2	0.2
2	粗车外圆轮廓	T01	93°外圆车刀	850	0.2	12.3
3	精车外圆轮廓	T01	55°外圆车刀	1 700	0.1	0.2
4	切槽	T02	5 mm 切断刀	350	0.05	2
5	切螺纹	T03	60°外圆螺纹刀	350	2	1.3
6	切断	T02	5 mm 切断刀	350	0.05	手动

结合零件加工工序安排和切削参数，填写表 5-3 所示工艺卡片。

表 5-3　螺纹轴加工工艺卡片

材料	45 钢	零件图号		零件名称	螺纹轴	工序号	001
程序名	O5001	机床设备	FANUC 0iT 数控车床	夹具名称		三爪自定心卡盘	
工步号	工步内容 （走刀路线）		G 功能	T 刀具	切削用量		
					转速 n /(r·min^{-1})	进给量 f /(mm·r^{-1})	背吃刀量 a_p/mm
1	平端面		G01	T0101	850	0.2	0.2
2	粗车外圆轮廓		G73	T0101	850	0.2	12.3
3	精车外圆轮廓		G70	T0101	1 700	0.1	0.2
4	切槽		G01	T0202	350	0.05	2
5	切螺纹		G92	T0303	350	2	1.3
6	切断		G01	T0202	350	0.05	手动

3. 程序编制

1）工件轮廓坐标点计算

螺纹轴外轮廓上几何要素的连接点以字母的形式标示，具体轮廓点的坐标值如图 5-2 所示。

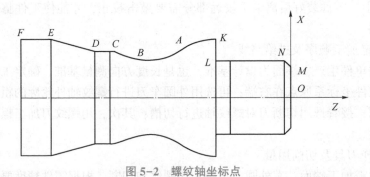

图 5-2　螺纹轴坐标点

坐标值：$M(20,0)$、$N(24,-2)$、$L(24,-25)$、$K(40,-25)$、$A(31.93,-35.79)$、$B(28.07,-55.71)$、$C(30,-60)$、$D(30,-65)$、$E(38,-80)$、$F(38,-90)$。

2）确定编程内容

（1）先平端面：在端面余量不大的情况下，一般采用自外向内的切削路线，注意刀尖中心与轴线等高，避免崩刀尖，要过轴线以免留下尖角。启用机床恒线速度功能保证端面表面质量。端面加工完成后刀具移动到粗车外圆第一刀的起点。

（2）毛坯粗车外圆轮廓：毛坯总余量有 12.5 mm，分 10 刀粗加工外圆轮廓，径向留精车余量 0.2 mm。为控制总长 90 mm±0.05 mm 的精度，轴向留车削余量 0.2 mm 精加工。

（3）精车外圆轮廓：将粗车后的工件，根据精加工切削参数，进行螺纹轴轮廓自右向左精车一次成形。

（4）切槽：切槽刀以左刀尖进行定位，确定槽的切削起点，以直线插补方式切削，切至槽底进行精加工，然后切槽刀退刀。

（5）切螺纹：使用刀尖角为 60° 的外圆螺纹刀，使用直进法切削 M24×2 的外螺纹。

（6）切断：螺纹轴加工完成后，使用切断刀将工件从毛坯上切断。

3）编写数控加工程序

程序内容（FANUC 程序）	注　　释
O5001;	
N10 G00 X100 Z100;	快速移动到换刀点
N20 T0101;	选用外圆车刀
N30 M03 S850;	粗加工转速为 850 r/min
N40 G00 X45 Z5;	刀具至循环起始点
N50 G73 U12.3 W2.8 R10;	粗车固定循环
N60 G73 P70 Q140 U0.5 W0 F0.2;	
N70 G00 X20 Z2;	
N80 G01 X20 Z0 F0.1;	
N90 G01 X24 Z-2;	
N100 G01 X24 Z-25 R3;	
N110 G01 X40;	
N120 G03 X31.93 Z-35.79 R19;	精车循环外圆轮廓
N130 G02 X28.07 Z-55.71 R20;	
N140 G03 X30 Z-65 R10;	
N150 G01 X38 Z-80;	
N160 G01 X38 Z-90;	
N170 M03 S1700;	精加工转速为 1 700 r/min
N180 G70 P70 Q140;	精车循环
N190 G00 X100 Z100;	外圆车刀退刀
N200 T0202;	换切槽刀
N210 M03 S350;	转速为 350 r/min
N220 G00 X42 Z-25;	定位到切槽点
N230 G01 X20 F0.1;	切至槽底
N240 G04 X2;	精加工槽底
N250 G01 X42;	切槽刀退刀
N260 G00 X100 Z100;	快速移动到换刀点
N270 T0404;	换螺纹刀
N280 M03 S350;	转速为 350 r/min
N290 G00 X25 Z4;	定位到螺纹切削循环点
N300 G92 X23.1 Z-22 F2;	
N310 X22.5;	
N320 X21.9;	螺纹循环切削
N330 X21.5;	
N340 X21.4;	
N350 G00 X100 Z100;	快速移动到换刀点
N360 T0202;	选用切槽刀

N370 G00 X42 Z-95;	定位到切断点
N380 G01 X-1 F0.05;	切断
N390 G00 X100 Z100;	刀架返回换刀点
N400 M30;	程序结束并返回开始处

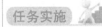

1. 领用工具

螺纹轴零件数控车削加工所需的工、刀、量具如表5-4所示。

表5-4 螺纹轴零件数控车削加工所需的工、刀、量具

序号	名称	规 格	数量	备注
1	游标卡尺	0~150 mm、0.02 mm	1	
2	千分尺	0~25 mm, 25~50 mm, 50~75mm、0.01 mm	各1	
3	螺纹环规	M24×2	1	
4	百分表	0~10 mm、0.01 mm	1	
5	磁性表座		1	
6	塞尺	0.02~1 mm	1	
7	外圆车刀	55°刀杆 20 mm×20 mm	1	
8	外切槽刀	刀宽为 5 mm	1	
9	外螺纹车刀	三角形螺纹60°	1	
10	材料	φ44 mm 的 45 钢棒材	1	
11	其他	铜棒、铜皮、毛刷等常用工具；计算机、计算器、编程用书等		选用

2. 零件的加工

（1）打开机床电源。

（2）检查机床运行正常。

（3）输入螺纹轴加工程序。

（4）程序录入后试运行，检查刀路路径正确。

（5）进行工、量、刀、夹具的准备。

（6）工件安装。

（7）装刀及对刀。建立工件坐标系，对切槽刀时以左侧刀尖来对刀。

（8）加工零件。实施切削加工作为单件加工或批量的首件加工，为了避免尺寸超差，应在对刀后把 X 向的刀补加大 0.5 mm 再加工，精车后检测尺寸、修改刀补，再次精车。

实际操作过程中遇到的问题和解决措施记录于表5-5中。

表 5-5 遇到的问题及解决措施

遇到的问题	解决措施
程序验证时，图形界面看不到运行轨迹	
建立工件坐标系时，如何确定刀尖点	
多把刀对刀时，刀补如何建立	

3. 关闭机床电源操作

拆卸工件、刀具、打扫机床并在机床工件台面上涂机油，完毕后关闭机床电源。

任务评价

1. 小组自查

小组加工完成后对零件进行去毛刺和尺寸的检测，零件检测的评分表如表 5-6 所示。【秉持诚实守信、认真负责的工作态度，强化质量意识，严格按图纸要求加工出合格产品，并如实填写检测结果】

表 5-6 螺纹轴的小组检测评分表

序号	考核项目	考核要求	配分	评分标准	检测结果	得分	备注
1	形状	外圆轮廓	5	形状与图样不符，每处扣1分			
		槽	5	形状与图样不符，每处扣1分			
		螺纹	5	形状与图样不符，每处扣1分			
2	尺寸精度	$\phi20$ mm	5	超差0.01 mm扣3分			
		40 mm	5	超差0.01 mm扣3分			
		$\phi30$ mm±0.01 mm	5	超差0.01 mm扣3分			
		$\phi38$ mm±0.01 mm	5	超差0.01 mm扣3分			
		槽宽5 mm	8	超差0.01 mm扣3分			
		M24×2	10	超差0.01 mm扣3分			
		90 mm±0.05 mm	7	超差0.01 mm扣3分			
3	表面粗糙度	$Ra3.2$ μm	5	超差0.01 mm扣3分			
		$Ra1.6$ μm	5	超差0.01 mm扣3分			
4	机床操作	开机及系统复位	5	出现错误不得分			
		装夹工件	5	出现错误不得分			
		输入及修改程序	8	出现错误不得分			
		正确设定对刀点	5	出现错误不得分			
		正确设置刀补	7	出现错误不得分			

2. 小组互评

组内检测完成，各小组交叉检测，填写检测报告，如表5-7所示。

表5-7 螺纹轴的检测报告

零件名称		加工小组	
零件检测人		检测时间	
零件检测概况			
存在问题		完成时间	
检测结果	主观评价	零件质量	材料移交

3. 展示评价

各组展示作品，介绍任务完成过程、零件加工过程视频、零件检测结果、技术文档并提交汇报材料，进行小组自评、组间互评、教师评价，完成考核评价表，如表5-8所示。

表5-8 考核评价表

评价项目	序号	技术要求	配分	评分标准	自评 30%	互评 30%	师评 40%	得分
专业能力 (60分)	1	程序正确完整	10	不规范每处扣1分				
	2	切削用量合理	5	每错一处扣1分				
	3	工艺过程规范合理	5	不合理每处扣1分				
	4	刀具选择正确	5	不正确每处扣1分				
	5	对刀及坐标系设定正确	10	不正确每处扣1分				
	6	机床操作规范	5	不规范每处扣1分				
	7	尺寸精度符合要求	10	不合格每处扣1分				
	8	表面粗糙度及形位公差符合要求	10	不合格每处扣1分				
职业素养 (30分)	1	分工合理，制订计划能力强，严谨认真	5	根据学员的学习情况、表达沟通能力、合作能力和创新能力综合给分				
	2	安全文明生产、规范操作、爱岗敬业、责任意识	5					
	3	团队合作、交流沟通、互相协作、分享能力	5					
	4	遵守行业规范、企业标准	5					
	5	主动性强，保质保量完成工作任务	5					
	6	采取多样化手段收集信息、解决问题	5					
创新意识 (10分)	1	创新性思维和行动	10					

任务复盘

1. 螺纹轴零件的编程与加工项目基本过程

本项目需要经过四个阶段：

1）数控加工工艺分析

（1）确定加工内容：加工端面、车外圆、切槽、切螺纹、切断。

（2）毛坯的选择：确定毛坯的直径和长度。

（3）机床选择：确定机床的型号。

（4）确定装夹方案和定位基准。

（5）确定加工工序：以工件右端的中心点作为工件坐标系的原点。对螺纹轴进行外轮廓的粗精加工，然后切槽加工，其次切螺纹，最后切断工件。

（6）选择刀具及切削用量。

确定刀具几何参数及切削参数，填写数控加工刀具卡片，如表 5-9 所示。

表 5-9　数控加工刀具卡片

工步	工步内容	刀具号	刀具类型	主轴转速 $S/(\mathrm{r}\cdot\mathrm{min}^{-1})$	进给量 $f/(\mathrm{mm}\cdot\mathrm{r}^{-1})$	背吃刀量 $a_{\mathrm{p}}/\mathrm{mm}$

（7）结合零件加工工序安排和切削参数，填写工艺卡片，如表 5-10 所示。

表 5-10　螺纹轴加工工艺卡片

材料		零件图号		零件名称		工序号	
程序名		机床设备		夹具名称			
工步号	工步内容（走刀路线）	G 功能	T 刀具	切削用量		
				转速 n $/(\mathrm{r}\cdot\mathrm{min}^{-1})$	进给量 f $/(\mathrm{mm}\cdot\mathrm{r}^{-1})$	背吃刀量 $a_{\mathrm{p}}/\mathrm{mm}$

2）数控加工程序编制

（1）工件轮廓坐标点计算。

根据工件坐标系的工件原点，计算工件外轮廓上各连接点的坐标值。

（2）确定编程内容。

根据外轮廓上各连接几何要素的形状，确定直线插补指令_____，圆弧插补指令_____，外圆粗切复合循环切削指令_____，精加工指令_____，切槽指令_____，切螺纹指令_____，切断指令_____，编制出零件的加工程序。

3）数控加工

确定数控机床加工零件的步骤：输入数控加工程序→验证加工程序→查看加工走刀路线→零件加工对刀操作（多把刀设置刀具半径补偿）→零件加工。

程序输入的模式：_____

程序验证的模式：_____

多把刀对刀步骤：_____

_____

_____

零件加工的模式：_____

4）零件检测

工、量、检具的选择和使用。

2. 总结归纳

通过螺纹轴零件编程与加工项目设计和实施，对所学、所获进行归纳总结。

_____

_____

3. 存在问题/解决方案/优化可行性

_____

_____

 拓展提高

1. 编程与车削

完成图 5-3 所示螺纹轴的编程与车削加工，材料 45 钢，生产规模为单件。

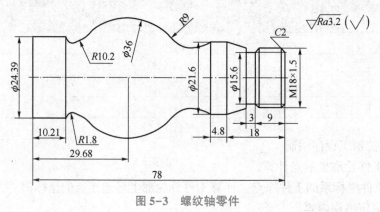

图 5-3　螺纹轴零件

2. 任务分析

3. 任务决策

(1) 确定毛坯尺寸。

(2) 机床、夹具、刀具的选择。

(3) 加工工序安排。

(4) 走刀路线的确定。

(5) 切削用量的选择。

(6) 填写工艺卡片，如表5-11所示。

表5-11 工艺卡片

材料		零件图号	5-3	零件名称	螺纹轴	工序号	
程序名		机床设备			夹具名称		
工步号	工步内容 （走刀路线）	G功能	T刀具	切削用量		
				转速 n $/(\text{r} \cdot \text{min}^{-1})$	进给量 f $/(\text{mm} \cdot \text{r}^{-1})$	背吃刀量 a_{p}/mm

4. 任务实施

1）编制加工程序

2）零件加工步骤

3）零件检测

按表5-12内容进行小组零件检测。

表5-12 小组检测评分表

序号	考核项目	考核要求	配分	评分标准	检测结果	得分	备注
1	形状	外圆轮廓	5	形状与图样不符，每处扣1分			
		槽	5	形状与图样不符，每处扣1分			
		螺纹	5	形状与图样不符，每处扣1分			

序号	考核项目	考核要求	配分	评分标准	检测结果	得分	备注
2	尺寸精度	$C2$ 倒角	4	超差 0.01 mm 扣 1 分			
		$\phi15.6$ mm	3	超差 0.01 mm 扣 1 分			
		$\phi24.39$ mm	3	超差 0.01 mm 扣 1 分			
		$\phi21.6$ mm	3	超差 0.01 mm 扣 1 分			
		4.8 mm	3	超差 0.01 mm 扣 1 分			
		$R10.2$ mm	3	超差 0.01 mm 扣 1 分			
		29.68 mm	3	超差 0.01 mm 扣 1 分			
		78 mm	3	超差 0.01 mm 扣 1 分			
		槽 3 mm×$\phi15.6$ mm	10	超差 0.01 mm 扣 1 分			
		M18×1.5	10	超差 0.01 mm 扣 1 分			
3	表面粗糙度	$Ra3.2$ μm	10	超差 0.01 mm 扣 1 分			
4	机床操作	开机及系统复位	5	出现错误不得分			
		装夹工件	5	出现错误不得分			
		输入及修改程序	8	出现错误不得分			
		正确设定对刀点	5	出现错误不得分			
		正确设置刀补	7	出现错误不得分			

通过小组自评、组间互评和教师评价，完成考核评价表 5-13。

表 5-13　考核评价表

评价项目	序号	技术要求	配分	评分标准	自评 30%	互评 30%	师评 40%	得分
专业能力（60分）	1	程序正确完整	10	不规范每处扣 1 分				
	2	切削用量合理	5	每错一处扣 1 分				
	3	工艺过程规范合理	5	不合理每处扣 1 分				
	4	刀具选择正确	5	不正确每处扣 1 分				
	5	对刀及坐标系设定正确	10	不正确每处扣 1 分				
	6	机床操作规范	5	不规范每处扣 1 分				
	7	尺寸精度符合要求	10	不合格每处扣 1 分				
	8	表面粗糙度及形位公差符合要求	10	不合格每处扣 1 分				
职业素养（30分）	1	分工合理，制订计划能力强，严谨认真	5	根据学员的学习情况、表达沟通能力、合作能力和创新能力综合给分				
	2	安全文明生产，规范操作、爱岗敬业、责任意识	5					
	3	团队合作、交流沟通、互相协作、分享能力	5					
	4	遵守行业规范、企业标准	5					
	5	主动性强，保质保量完成工作任务	5					
	6	采取多样化手段收集信息、解决问题	5					
创新意识（10分）	1	创新性思维和行动	10					

5. 任务总结

从以下几方面进行总结与反思：

（1）对工件尺寸精度和表面质量进行评价，找出尺寸超差或表面质量缺陷的原因，提出改进方法。

（2）对工艺合理性、加工效率、刀具寿命等方面进行评价，进一步优化切削参数。

（3）对整个加工过程中出现的违反5S管理、安全文明生产等操作进行反思。

自我评估与总结：

_____

_____

知识链接

G32/G92 指令视频讲解　　　　　G76 指令视频讲解

1. 螺纹的基础知识

1）螺纹的种类

螺纹按牙型不同一般可分为三角形、梯形、锯齿形、矩形、圆形螺纹等，如图5-4所示。

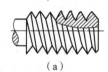 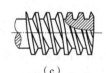

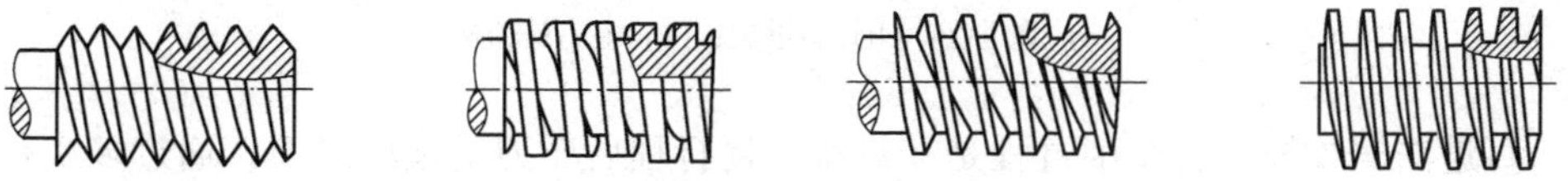

（a）　　　　　　（b）　　　　　　（c）　　　　　　（d）

图 5-4　螺纹牙型

（a）三角形螺纹；（b）矩形螺纹；（c）梯形螺纹；（d）锯齿形螺纹

2）普通螺纹的标记

普通螺纹的牙型为三角形，有粗牙和细牙之分，即在相同大径下，有几种不同规格的螺距，螺距最大的一种，即为粗牙螺纹，其余的为细牙螺纹。

粗牙普通螺纹代号用牙型符号"M"及"公称直径"表示。

例如：M16、M24。

细牙普通螺纹的代号用牙型符号"M"及"公称直径×螺距"表示。

例如：M24×2、M27×1.5。

螺纹旋向有左、右之分，当螺纹为左旋时，在螺纹代号之后加"LH"字，右旋省略标注。

例如：M20×1.5LH。

完整的螺纹标记还包括螺纹公差等级及旋合长度。

例如：M24×1.5-5g6g-L、M27×3LH-7H。

3）普通螺纹的尺寸计算

普通螺纹各基本尺寸：

螺纹大径 $d=D$，d 为外螺纹大径，D 为内螺纹大径，螺纹大径即为公称直径；

螺纹中径 $d_2=D_2=d-0.6495P$，d_2 为外螺纹中径，D_2 为内螺纹中径，P 为螺纹的螺距；

牙型高度 $h_1=0.5413P$；

螺纹小径 $d_1=D_1=d-1.0825P$，d_1 为外螺纹小径，D_1 为内螺纹小径。

2. 螺纹的车削方法

1）进刀方式

在数控车床上加工螺纹常用的方法有直进法、斜进法两种，如图5-5所示。

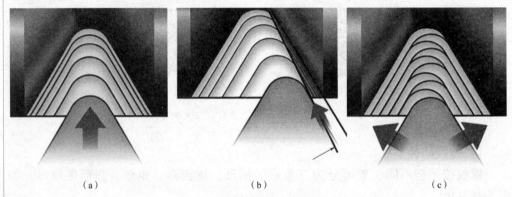

（a）　　　　　　　　（b）　　　　　　　　（c）

图5-5　螺纹的进刀方式

（a）直进法；（b）斜进法；（c）左右进刀法

直进法螺纹加工，车削过程是在每次往复行程后车刀沿横向进刀，通过多次行程把螺纹车削好。这种加工方法由于螺纹刀切入零件后，整个切削刃都受力，随着车刀切削越深，刀具切削刃切削的长度越长，刀具和零件承受的切削力越大，并且排屑困难，容易产生扎刀现象。因此，直进法适合加工导程较小（≤3 mm）的螺纹，且切削量逐渐减少。

斜进法切削时，主要靠刀具一侧的切削刃来切削。螺纹刀的牙型可以小于或等于螺纹牙型。若选择的螺纹刀具牙型等于螺纹牙型，也就是所谓的成形刀，随着切削越深，刀具整个切削刃也都受力。在切削时，优先选择刀具比螺纹牙角度略小一些，这样加工大螺距螺纹可以减少切削过程中的振动。

左右进刀法是螺纹刀具以左右交替进给的方式切入工件，把螺纹牙槽逐渐扩展到规定的尺寸。这种切削适用于极大螺距的螺纹，可以显著减少切削过程中的振动。刀具牙型尺寸要小于螺纹牙型尺寸，这样才能完成交替借刀。

螺纹加工中的走刀次数和背吃刀量会直接影响螺纹的加工质量，应根据螺距大小选取适当的走刀次数及背吃刀量。用直进法高速车削普通螺纹时，螺距小于3 mm 的螺纹一般 3~6 刀完成，且大部分余量在第一、第二刀时去掉。具体切削量如表 5-14 所示。

表 5-14　常用螺纹切削的进给次数与背吃刀量

螺距/mm		1.0	1.5	2.0	2.5	3.0	3.5	4.0
牙深(半径)/mm		0.649	0.974	1.299	1.624	1.949	2.273	2.598
切削次数及背吃刀量（直径）	第 1 次	0.7	0.8	0.9	1.0	1.2	1.5	1.5
	第 2 次	0.4	0.6	0.6	0.7	0.7	0.7	0.8
	第 3 次	0.2	0.4	0.6	0.6	0.6	0.6	0.6
	第 4 次		0.16	0.4	0.4	0.4	0.6	0.6
	第 5 次			0.1	0.4	0.4	0.4	0.4
	第 6 次				0.15	0.4	0.4	0.4
	第 7 次					0.2	0.2	0.4
	第 8 次						0.15	0.3
	第 9 次							0.2

2）螺纹车削的切入与切出行程

在数控车床上加工螺纹时，螺纹是通过伺服系统检测装在主轴上的位置编码器，实时地读取主轴速度并转换为刀具的每分钟进给量来保证的。由于机床伺服系统本身是具有滞后特性，会在螺纹起始段和停止段发生螺距不规则现象，所以实际加工螺纹的长度应包括切入和切出的空行程量。如图 5-6 所示，δ_1 为切入空刀行程量，一般取 2~5 mm，δ_2 为切出空刀行程量，一般取 2~3 mm。

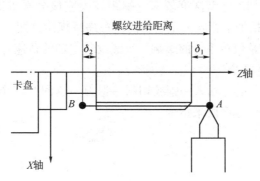

图 5-6　螺纹的切入与切出

3）多线螺纹的分线方法

在实际应用中经常会碰到多线螺纹的加工，多线螺纹的数控加工方法与单线螺纹的加工相似。只需在加工完一条螺纹后沿轴向移动一个螺距（一般用 G01 指令），再车另一条螺纹即可。当然，有些系统提供多线螺纹的加工功能，则可以利用程序指令实现分线。

3. 螺纹切削指令

1）基本螺纹切削指令

G32 走刀轨迹如图 5-7 所示。

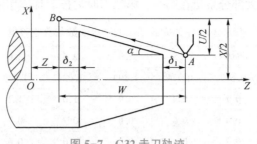

图 5-7　G32 走刀轨迹

编程格式: G32 X(U)　Z(W) F~;

式中, X(U)、Z(W)——螺纹切削的终点坐标值; X 省略时为圆柱螺纹切削, Z 省略时为端面螺纹切削; X、Z 均不省略时为锥螺纹切削; X 坐标值依据《机械设计手册》查表确定;

　F——螺纹导程, 单位 mm。

对于锥螺纹, 角 α 在 45°以下时, 螺纹导程以 Z 轴方向指定; 角 α 在 45°~90°时螺纹导程以 X 轴方向指定。

指令说明:

(1) 在车螺纹期间进给速度倍率、主轴速度倍率均无效, 始终固定在 100%。

(2) 车螺纹期间不要使用恒表面切削速度控制, 而要使用 G97 指令指定主轴转速。

(3) 车螺纹时, 必须设置螺纹加工升速进刀段 δ_1 和降速退刀段 δ_2, 这样可避免因车刀升、降速而影响螺距的稳定。

(4) 螺纹加工时如果牙型深度较深、螺距较大应该分次进给, 每次进给的背吃刀量用螺纹深度减去精加工背吃刀量所得的差按递减规律分配。

(5) 受机床结构及数控系统的影响, 车螺纹时主轴的转速有一定的限制。

2) 螺纹切削循环指令

螺纹切削循环指令把"切入→螺纹切削→退刀→返回"四个动作作为一个循环, 如图 5-8 所示, 用一个程序段来指令。

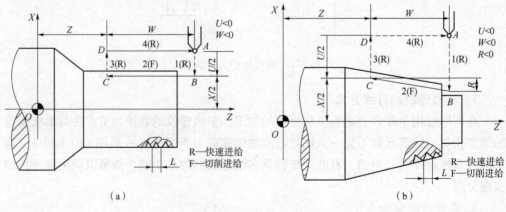

(a)　　　　　　　　　　　　　　(b)

图 5-8　G92 走刀轨迹

(a) 圆柱螺纹切削; (b) 圆锥螺纹切削

编程格式：G92 X(U)~   Z(W)~   I~   F~；

式中，X(U)、Z(W)——螺纹切削的终点坐标值；

I——螺纹部分半径之差，即螺纹切削起始点与切削终点的半径差。加工圆柱螺纹时，I=0。加工圆锥螺纹时，当 X 向切削起始点坐标小于切削终点坐标时，I 为负，反之为正。

指令说明：

(1) 在螺纹切削过程中，按下循环暂停键时，刀具立即按斜线回退，先回到 X 轴起点，再回到 Z 轴起点。在回退过程中，不能进行另外的暂停。

(2) 如果在单段方式下执行 G92 循环，则每执行一次循环必须按 4 次循环启动按钮。

(3) G92 指令是模态指令，当 Z 轴移动量没有变化时，只需对 X 轴指定其移动指令即可重复执行固定循环动作。

(4) 在 G92 指令执行过程中，进给速度倍率和主轴速度倍率均无效。

(5) 执行 G92 循环指令时，在螺纹切削的收尾处，刀具沿接近 45° 的方向斜向退刀，Z 向退刀距离由系统参数设定。

3) 复合螺纹切削循环指令

复合螺纹切削循环指令可以完成一个螺纹段的全部加工任务。它的进刀方法有利于改善刀具的切削条件，在编程中应优先考虑应用该指令，如图 5-9 所示。

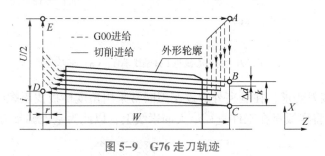

图 5-9   G76 走刀轨迹

编程格式：G76   P(m)   (r)   (α) Q(Δd_{min})   R(d)；

　　　　　G76   X(U)   Z(W)   R(I)   F(f)   P(k)   Q(Δd)；

式中，m——精加工重复次数（取值范围：01~99）；

r——倒角量，即螺纹切削退尾处（45°方向退刀）的 Z 向退刀距离。当螺距由 P 表示时，可以从 0.1P 到 9.9P 设定，单位为 0.1P（表达时用两位数表达：00~99）；

α——刀尖角，可以选择的刀尖角度有：80°、60°、55°、30°、29° 和 0°，由两位数规定。如当 m=2，r=1.2P，α=60° 时，则表达为 P021260；

Δd_{min}——最小切入量（该值用不带小数点的半径值表示），当一次循环运行的切深小于此值时，切深量在此值处；

d——精加工余量（该值用不带小数点的半径值表示）；

X(U) Z(W)——终点坐标；

I——螺纹部分半径之差，即螺纹切削起始点与切削终点的半径差。加工圆柱螺纹时，I=0。加工圆锥螺纹时，当 X 向切削起始点坐标小于切削终点坐标时，I 为负，反之为正。

　　k——螺牙的高度（X 轴方向的半径值，该值用不带小数点的半径值表示，始终为正值）；

　　Δd——第一次切入量（X 轴方向的半径值，该值用不带小数点的半径值表示，始终为正值）；

　　f——螺纹导程。

4. 螺纹车刀的安装与找正

　　车螺纹时，为了保证牙型正确，对装刀提出了较严格的要求。装刀时刀尖高低应对准工件轴线，并且车刀刀尖角的中心线必须与工件轴线严格保持垂直，这样车出的螺纹，其两牙型半角才会相等；如果把车刀装歪，就会产生牙型歪斜，如图 5-10 所示。

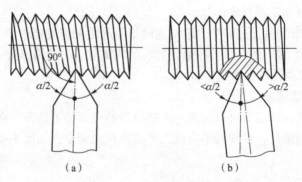

（a）　　　　　　　　　（b）

图 5-10　螺纹刀装夹

（a）车刀刀尖角中心线与工件轴线垂直；（b）车刀装歪

　　为了保证装刀要求，在装夹外螺纹车刀时常采用角度样板找正螺纹刀尖角度，如图 5-11 所示，将样板靠在工件直径最大的素线上，以此为基准调整刀具角度。

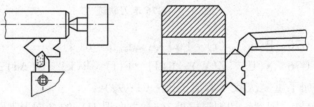

图 5-11　螺纹刀找正

5. 螺纹的检测

　　在螺纹参数的测量中，按照测量设备的不同，螺纹参数测量方法主要可以分为以下几种：

　　1）螺纹塞规和环规检测法

　　使用环规测外螺纹、塞规检测内螺纹，如图 5-12 所示。

　　这种检验方法的优点是快捷、经济、实用。对于生产工艺水平较高的企业，使用合格的螺纹成形刀具以及

环规

塞规

图 5-12　螺纹检测工具

专用的螺纹加工设备（如螺纹丝锥、板牙、滚丝机、搓丝机等），都可以较好地控制螺纹的质量水平。

这种检验方法的主要缺点是只能定性地检查螺纹中径是否合格，只能知道螺纹中径是否位于最小的单一中径和最大的作用中径之间，无法知道螺纹尺寸的具体值。对于半角误差、螺距误差及各种形状误差等参数，无法单独定量控制。

2）螺纹千分尺

螺纹千分尺属于专用的螺旋测微量具，螺纹千分尺具有特殊的测量头，测量头的形状做成与螺纹牙型相吻合的形状，即一个是 V 形测量头，与牙型凸起部分相吻合，另一个为圆锥形测量头，与牙型沟槽相吻合，如图 5-13 所示。千分尺有一套可换测量头，每一对测量头只能用来测量一定螺距范围的螺纹。

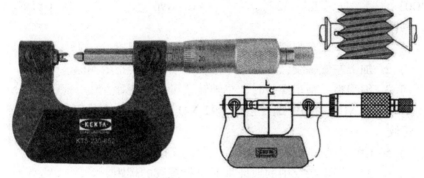

图 5-13　螺纹千分尺

按螺纹千分尺的技术指标，其最大综合误差为±0.028 mm，由于其测头存在一定的角度误差，工件外螺纹的螺距和牙侧角也存在较大误差，故在用绝对法测量时，其中径测量不确定度可达 0.10 mm。该方法用于精度要求不高的工件外螺纹中径测量。

【螺纹轴类零件编程与加工案例教学视频】

螺纹轴零件的数控工艺分析

螺纹轴零件的数控编程

 职业技能鉴定理论试题

一、单项选择题

1. 下列（　　　）不是螺纹加工指令。

A. G90　　　　　　　B. G32　　　　　　　C. G92　　　　　　　D. G76

2. G32 指令不可加工（　　　）。

A. 圆柱螺纹　　　　B. 圆锥螺纹　　　　C. 端面螺纹　　　　D. 变导程螺纹

3. 加工螺距为 3 mm 的圆柱螺纹，牙深为（   ）。

A. 1.949 mm   B. 1.668 mm   C. 3.3 mm   D. 2.6 mm

4. 螺纹的公称直径是指（   ）。

A. 螺纹的小径   B. 螺纹的中径

C. 螺纹的大径   D. 螺纹的分度圆直径

5. 车普通螺纹，车刀的刀尖角应等于（   ）。

A. 30°   B. 55°   C. 45°   D. 60°

6. 梯形螺纹的牙型角为（   ）。

A. 30°   B. 40°   C. 50°   D. 60°

7. 数控车床在（   ）指令下工作时，进给修调无效。

A. G03   B. G32   C. G96   D. G81

二、判断题

（   ）1. 数控车床车削螺纹一定要有引入段和退刀段。

（   ）2. 加工左旋螺纹，数控车床主轴必须用反转指令 M04。

（   ）3. 编程粗、精车螺纹时，主轴转速可以改变。

（   ）4. FANUC 系列中螺纹指令 G92 X41 W−43 F1.5 是以每分钟 1.5 mm 的速度加工螺纹。

（   ）5. G92 指令一般放在程序第一段，该指令不引起机床动作。

（   ）6. 螺纹切削指令中的地址字 F 是指螺纹的螺距。

（   ）7. G34 X（U）_Z（W）_F_ K_；是加工变螺距螺纹的指令，其中 F 是基本螺距，K 是每转螺距增加值。

（   ）8. 螺纹切削指令中的地址字 F 是指螺纹的螺距。

（   ）9. G76 指令可以完成复合螺纹切削循环加工。

模块二　套类零件编程与加工

　　轴套类零件在机械中的作用主要是导正、限位、止转及定位，如导柱用的导套、齿轮轴上的轴套、带键槽的轴套等，如图 6-1 所示。

（a）　　　　　　　　　（b）　　　　　　　　（c）　　　　　　　　（d）

图 6-1　轴套类零件

（a）滑动轴承；（b）钻套；（c）导套；（d）气缸

【学习目标】

　　1. 掌握孔套类零件数控车削加工工艺理论知识。

　　2. 掌握配合件零件数控车削加工工艺理论知识。

　　3. 掌握 G90、G94 单一固定循环指令的编程应用。

　　4. 掌握 G71、G70 等内圆循环指令的编程应用。

　　5. 掌握内圆、内切槽和内螺纹加工指令的综合应用。

　　6. 掌握套类零件加工时刀具的选择知识。

　　7. 掌握套类零件加工时夹具的选择知识。

【技能目标】

　　1. 能分析零件图纸，制定套类零件的加工工艺方案。

　　2. 能根据零件加工要求，查阅相关资料，正确、合理选用刀具、量具、工具、夹具。

　　3. 能用 G00、G01、G90、G91 指令编写孔类零件加工程序。

　　4. 能用 G71、G70 等指令编写内圆零件加工程序。

　　5. 能用 G74、G75 等指令编写槽类零件加工程序。

　　6. 能用外表面和内表面加工等指令编写螺纹配合件加工程序。

　　7. 能选择合适的夹具，正确装夹零件。

　　8. 能独立操作数控车床，完成套类零件的加工并控制零件质量。

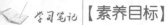

【素养目标】

    1. 养成严格执行与职业活动相关的，保证工作安全和防止意外发生的规章制度的素养。

    2. 养成认真细致分析、解决问题的素养。

    3. 养成诚实守信、认真负责的工匠品质，树立产品质量意识。

    4. 能与他人进行有效的交流和沟通，具备较强的团队协作精神。

【学习导航】

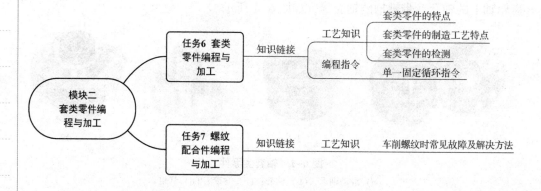

套类零件编程与加工

任务描述

本项目要求在 FUNAC 0iT 系统的数控车床上加工如图 6-2 所示的钻套。对钻套进行工艺分析，编制零件的加工程序，利用数控车床加工、检测钻套的尺寸和精度、质量分析等内容，工作过程进行详解。

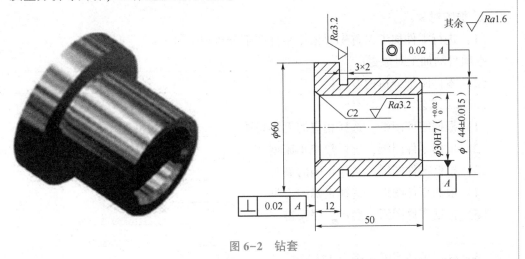

图 6-2　钻套

任务分组

【团队合作、协调分工；共同讨论、分析任务】

将班级学生分组，4 人或 5 人为一组，由轮值安排生成组长，使每个人都有培养组织协调和管理能力的机会。每人都有明确的任务分工，4 人分别代表项目组长、工艺设计工程师、数控车技师、产品验收工程师，模拟真实钻套项目实施过程，培养团队合作、互帮互助精神和协同攻关能力。项目分组如表 6-1 所示。

表 6-1　项目分组

项目组长		组名		指导教师	
团队成员	学号	角色指派		备注	
		项目组长		统筹计划、进度、安排和团队成员协调，解决疑难问题	
		工艺设计工程师		进行钻套加工的工艺分析，确定工艺方案，编制加工程序	

项目组长		组名		指导教师	
团队成员	学号	角色指派		备注	
		数控车技师		进行数控车床操作，加工钻套的调试	
		产品验收工程师		根据任务书、评价表对项目功能、组员表现进行打分评价	

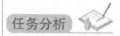

【计划先行、谋定而后动】

1. 加工对象

（1）进行零件加工，首先要根据零件图纸分析加工对象。

本项目的加工对象是_____

（2）零件图纸分析内容包括_____

2. 加工工艺内容

（1）根据零件图纸，选择相应的毛坯材质_____、尺寸_____

（2）根据零件图纸，选择数控车床型号_____

（3）根据零件图纸，选择正确的夹具_____

（4）根据零件图纸，选择正确的刀具_____

（5）根据零件图纸，确定工序安排_____

_____

（6）根据零件图纸，确定走刀路线_____

_____

（7）根据零件图纸，确定切削参数_____

3. 编程指令

钻套加工需要的功能指令有_____

零件加工程序的编制格式_____

4. 零件加工

（1）零件加工的工件原点取在哪个位置？

_____

（2）零件的装夹方式_____

（3）加工程序的调试操作步骤：

_____

5. 零件检测

（1）零件检测使用的量具和检具：_____

（2）零件检测的标准有哪些？

_____

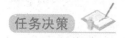

任务决策

1. 加工对象

（1）零件材料：45钢，切削加工性良好。

（2）零件组成表面：外圆表面（$\phi60$ mm、$\phi44$ mm），内表面（$\phi30$ mm），光孔，两端面，内圆切槽，内、外倒角。

（3）主要表面分析：$\phi30$ mm内孔既是支承其他零件的支承面，亦是本零件的主要基准面；$\phi60$ mm外圆及其台阶面亦用于支承其他零件。

（4）主要技术条件：$\phi60$ mm外圆与$\phi30$ mm内孔的同轴度控制在0.02 mm范围内；端面与$\phi30$ mm内孔的垂直度控制在0.02 mm，$\phi30$ mm内孔本身的尺寸公差为0.02 mm；粗糙度$Ra1.6$ μm、$Ra3.2$ μm。

2. 零件加工工艺分析

1）毛坯的选择

由于钻套的内孔直径为$\phi30$ mm，选用棒料加工时，内孔需要切削的余量大，切削时间长，效率低，生产成本高，因此选用壁厚均匀的带孔管料，毛坯外圆直径为$\phi65$ mm，内孔直径为$\phi20$ mm。

2）机床选择

考虑产品的精度要求，选用CKY400B型号的数控车床。

3）确定装夹方案和定位基准

主要定位基准应为$\phi30$ mm内孔中心；加工内孔时的定位基准则为$\phi60$ mm外圆中心。使用三爪自定心液压卡盘夹持零件的毛坯外圆$\phi65$ mm处，确定零件伸出合适的长度（把车床的限位距离考虑进去），零件的加工长度为50 mm，零件完成后需要切断。切断刀宽度为4 mm，卡盘的限位安全距离为5 mm，因此零件应伸出卡盘总长59 mm以上。零件装好后离卡爪较远部分需要敲击校正，才能使工件整个轴线与主轴轴线同轴。

4）确定加工顺序及进给路线

该零件单件生产，端面为设计基准，也是长度方向测量基准，确定工序安排为先切端面，工件坐标系原点设定在右端与中心轴线相交点。此零件外圆尺寸公差带为±0.015 mm，查询标准公差的数值表（GB/T 1800.3—1998）可知，外圆的加工精度为IT8~IT9等级，选用外圆车刀对钻套进行外轮廓的粗、精加工；外圆表面有一个3 mm×2 mm的切槽，先用外圆切槽刀进行切槽加工；内孔尺寸的公差要求是0.02 mm，内圆的加工精度为IT8~IT9等级，选用内圆车刀对内孔进行粗、精加工；最后切断工件。

5）选择刀具及切削用量

选择零件结构，选用外圆车刀、外圆切槽刀、内圆车刀进行零件加工。零件需要进行粗加工，根据机械设计手册选择硬质合金钢材质的刀具，外圆切削时使用93°外圆车刀，25 mm×25 mm的标准刀杆；工件切断使用外圆切断刀，刀片厚度为3 mm；

内圆车刀直径小于毛坯管料的内径，选用 $\phi16$ mm 刀杆的内圆车刀。刀具及切削参数如表 6-2 所示。

表 6-2　刀具及切削参数

工步	工步内容	刀具号	刀具类型	主轴转速 $S/(r \cdot min^{-1})$	进给量 $f/(mm \cdot r^{-1})$	背吃刀量 a_p/mm
1	平端面	T01	93°外圆车刀			
2	粗车外圆	T01	93°外圆车刀			
3	粗车内圆	T01	93°外圆车刀			
4	外圆切槽	T02	3 mm 切断刀			
5	精车内圆	T03	$\phi16$ mm 刀杆			
6	精车外圆	T03	$\phi16$ mm 刀杆			
7	切断	T02	3 mm 切断刀			

6）切削参数的确定

查询机械设计手册，根据 45 钢毛坯材料，使用硬质合金钢的刀具，钻套零件在粗加工切削速度为 120 m/min，精加工切削速度为 140 m/min。

通过计算，确定加工时的主轴转速，与进给量和背吃刀量共同填入表 6-3 工艺卡片。

表 6-3　工艺卡片

材料	45 钢	零件图号		零件名称	钻套	工序号	
程序名	O6001	机床设备	FANUC 0iT 数控车床	夹具名称	三爪自定心卡盘		
工步号	工步内容（走刀路线）	G 功能	T 刀具	切削用量		
				转速 n $/(r \cdot min^{-1})$	进给量 f $/(mm \cdot r^{-1})$	背吃刀量 a_p/mm
1	平端面	G01	T0101	800	0.2	2.0
2	粗车外圆	G71	T0101	1 000	0.2	10.3
3	粗车内圆	G90	T0303	400	0.1	4.8
4	外圆切槽	G01	T0202	400	0.1	2
5	精车内圆	G01	T0303	600	0.05	0.2
6	精车外圆	G70	T0101	1 700	0.1	0.2
7	切断	G01	T0202	400	0.1	—

3. 程序编制

1）工件轮廓坐标点计算

在手工编程时，坐标值计算要根据图样尺寸和设定的编程原点，按确定的加工路线，对刀尖从加工开始到结束过程中，每个运动轨迹的起点或终点的坐标数值进行仔细计算。对于较简单的零件不需特别数学处理的，一般可在编程过程中确定各点坐标值。

坐标值：$A(40,0)$、$B(44,-2)$、$C(44,-38)$、$D(60,-38)$、$E(60,-50)$、$M(34,0)$、$N(30,-2)$、$L(30,-48)$、$K(34,-50)$，如图6-3所示。

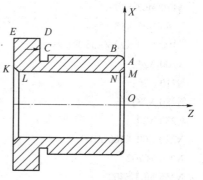

图 6-3　钻套外圆轮廓坐标点

2）确定编程内容

（1）先平端面：在端面余量不大的情况下，一般采用自外向内的切削路线，注意刀尖中心与轴线等高，避免崩刀尖，要过轴线以免留下尖角。启用机床恒线速度功能保证端面表面质量。端面加工完成后刀具移动到粗车外圆第一刀的起点。

（2）外圆粗车：毛坯总余量有 10.5 mm，分 10 次走刀粗加工外圆轮廓和外倒角，每次走刀切削余量为 1.03 mm，留径向精车余量 0.2 mm。

（3）内圆粗车：毛坯内圆总余量有 5 mm，分 5 次走刀粗加工外圆轮廓和外倒角，前四次走刀切削余量为 1 mm，最后一次走刀余量为 0.8 mm，留径向精车余量 0.2 mm。

（4）切槽。使用外圆切槽刀进行 3 mm×2 mm 切槽。

（5）内圆精车：粗加工内圆的余量在精加工一次切削完成，且完成内倒角的切削。

（6）外圆精车：将外圆余量切削，精加工外圆轮廓。

（7）切断：精加工完成后切断工件。

3）编写数控加工程序

程序内容（FANUC 程序）	注　释
O6001；	
N10 G00 X100 Z100；	快速移动到换刀点
N20 T0101；	换外圆车刀
N25 M03 S1000；	粗加工转速为 1 000 r/min
N30 G00 X66 Z5 M08；	刀具至循环起始点
N40 G71 U1.03 R1；	外圆粗切循环指令
N50 G71 P60 Q110 U0.4 W0.2 F0.2；	
N60 G00 X40；	
N70 G01 X40 Z0 F0.1；	
N80 G01 X44 Z-2；	
N90 G01 X44 Z-38；	
N100 G01 X60 Z-38；	外圆精加工轮廓
N110 G01 X60 Z-55；	
N120 G00 X20.4 Z5；	
N130 G01 X20.4 Z-20 F0.2；	
N140 G00 X32 Z-20；	
N150 G00 X100 Z100；	快速移动到换刀点
N160 T0303；	换内圆车刀

N170 M03 S400；   内圆粗加工转速为 400 r/min

N180 G00 X18 Z5；   刀具至循环起始点

N190 G90 X22 Z-55 F0.2；

N200 X24；

N210 X26；   内轮廓粗加工

N220 X28；

N230 X29.6；

N240 G00 X100 Z100；   外圆车刀移动至换刀点

N250 T0202；   换切断刀

N255 M03 S400；   转速为 400 r/min

N260 G00 X65 Z-38；   定位到切槽点

N270 G01 X40 F0.1；   切槽

N280 G04 X2；

N290 G01 X65；   退出槽外

N300 G00 X100 Z100；   刀具返回换刀点

N310 T0303；   换内圆车刀

N315 M03 S600；   转速为 600 r/min

N320 G00 X34 Z5；

N330 G01 X34 Z0 F0.2；

N340 G01 X30 Z-2；

N350 G01 X30 Z-48；   内圆精加工

N360 G01 X34 Z-50；

N370 G01 X26；

N380 G00 Z100；   刀具返回换刀点

N390 G00 X100；

N400 T0101   换外圆车刀

N410 M03 S1700；   转速为 1 700 r/min

N420 G00 X66 Z5；   刀具至循环起始点

N430 G70 P60 Q110；   沿外圆轮廓进行精加工

N440 G00 X100 Z100；   刀具返回换刀点

N450 T0202；   换切槽刀

N455 M03 S400；   转速为 400 r/min

N460 G00 X66 Z-53；   刀具至切断点

N470 G01 X-1 F0.1；   切断

N480 G00 X100 Z100；   刀具退刀至换刀点

N490 M30；   程序结束并返回开始处

任务实施

1. 领用工具

钻套零件数控车削加工所需的工、刀、量具如表6-4所示。

表 6-4　钻套零件数控车削加工所需的工、刀、量具

序号	名称	规　　格	数量	备注
1	游标卡尺	0~150 mm、0.02 mm	1 把	
2	外径千分尺	25~50 mm，50~75 mm，0.01 mm	各 1 把	
3	百分表	0~10 mm，0.01 mm	1 把	
4	内径千分尺	25~50 mm，0.01 mm	1 把	
5	外圆车刀	93°外圆车刀	1 把	
6	切断刀	刀片厚度为 3 mm	1 把	
7	内圆车刀	刀杆直径 ϕ16 mm，93°内圆车刀	1 把	
8	材料	外径 ϕ65 mm、内径的 ϕ20 mm45 钢棒材	1 根	
9	其他	铜棒、铜皮、毛刷等常用工具；计算机、计算器、编程用书等		选用

2. 零件的加工

（1）打开机床电源。

（2）检查机床运行正常。

（3）输入钻套加工程序。

（4）程序录入后试运行，检查刀路路径正确。

（5）进行工、量、刀、夹具的准备。

（6）工件安装。

（7）装刀及对刀。建立工件坐标系，对切槽刀时，以左侧刀尖为刀位点进行对刀；对内圆车刀时，以毛坯内径中心轴线为基准。

（8）加工零件。实施切削加工作为单件加工或批量的首件加工，为了避免尺寸超差，应在对刀后把 X 向的刀补加大 0.5 mm 再加工，精车后检测尺寸、修改刀补，再次精车。

实际操作过程中遇到的问题和解决措施记录于表 6-5 中。

表 6-5　遇到的问题及解决措施

遇到的问题	解决措施
程序是否正确输入数控系统	
程序验证时，图形界面是否显示正确的运行轨迹	
建立工件坐标系时，如何确定刀尖点	
多把刀对刀时，刀补建立的位置	

3. 关闭机床电源操作

拆卸工件、刀具、打扫机床并在机床工件台面上涂机油，完毕后关闭机床电源。

任务评价

1. 小组自查

小组加工完成后对零件进行去毛刺和尺寸的检测，零件检测的评分表如表6-6所示。【秉持诚实守信、认真负责的工作态度，强化质量意识，严格按图纸要求加工出合格产品，并如实填写检测结果】

表6-6　钻套的小组检测评分表

序号	考核项目	考核要求	配分	评分标准	检测结果	得分	备注
1	形状 （15分）	外圆轮廓	5	形状与图样不符，每处扣1分			
		槽	5	形状与图样不符，每处扣1分			
		内圆轮廓	5	形状与图样不符，每处扣1分			
2	尺寸精度 （45分）	$\phi 60$ mm	5	超差0.01 mm扣1分			
		12 mm	5	超差0.01 mm扣3分			
		50 mm	5	超差0.01 mm扣3分			
		$C2$ 倒角	9	超差0.01 mm扣2分			
		3 mm×2 mm 的槽	6	超差0.01 mm扣3分			
		$\phi 30H7$ $\binom{+0.02}{0}$	10	超差0.01 mm扣3分			
		$\phi 44$ mm±0.015 mm	5	超差0.01 mm扣3分			
3	表面粗糙度 （10分）	$Ra3.2$ μm	5	超差0.01 mm扣3分			
		$Ra1.6$ μm	5	超差0.01 mm扣3分			
4	机床操作 （30分）	开机及系统复位	5	出现错误不得分			
		装夹工件	5	出现错误不得分			
		输入及修改程序	8	出现错误不得分			
		正确设定对刀点	5	出现错误不得分			
		正确设置刀补	7	出现错误不得分			

2. 小组互评

组内检测完成，各小组交叉检测，填写检测报告，如表6-7所示。

表6-7　钻套的检测报告

零件名称		加工小组		
零件检测人		检测时间		
零件检测概况				
存在问题		完成时间		
检测结果	主观评价	零件质量		材料移交

3. 展示评价

各组展示作品，介绍任务完成过程、零件加工过程视频、零件检测结果、技术文档并提交汇报材料，进行小组自评、组间互评、教师评价，完成考核评价表，如表6-8所示。

表6-8 考核评价表

评价项目	序号	技术要求	配分	评分标准	自评 30%	互评 30%	师评 40%	得分
专业能力（60分）	1	程序正确完整	10	不规范每处扣1分				
	2	切削用量合理	5	每错一处扣1分				
	3	工艺过程规范合理	5	不合理每处扣1分				
	4	刀具选择正确	5	不正确每处扣1分				
	5	对刀及坐标系设定正确	10	不正确每处扣1分				
	6	机床操作规范	5	不规范每处扣1分				
	7	尺寸精度符合要求	10	不合格每处扣1分				
	8	表面粗糙度及形位公差符合要求	10	不合格每处扣1分				
职业素养（30分）	1	分工合理，制订计划能力强，严谨认真	5	根据学员的学习情况、表达沟通能力、合作能力和创新能力综合给分				
	2	安全文明生产，规范操作、爱岗敬业、责任意识	5					
	3	团队合作、交流沟通、互相协作、分享能力	5					
	4	遵守行业规范、企业标准	5					
	5	主动性强，保质保量完成工作任务	5					
	6	采取多样化手段收集信息、解决问题	5					
创新意识（10分）	1	创新性思维和行动	10					

任务复盘

1. 钻套零件的编程与加工项目基本过程

本项目需要经过四个阶段：

1）数控加工工艺分析

（1）确定加工内容：零件的端面和外圆轮廓、外圆切槽、内圆表面、倒角。

（2）毛坯的选择：确定毛坯的结构为管料，确定外径、内径以及长度。

（3）机床选择：确定机床的型号。

（4）确定装夹方案和定位基准。

（5）确定加工工序：以工件右端的中心点作为工件坐标系的原点，对钻套进行外轮廓的粗精加工、外切槽的加工、内圆轮廓的加工，最后切断工件。

（6）选择刀具及切削用量。

确定刀具几何参数及切削参数，填写数控加工刀具卡片，如表6-9所示。

表6-9　数控加工刀具卡片

工步	工步内容	刀号	刀具类型	主轴转速 $S/(\mathrm{r} \cdot \mathrm{min}^{-1})$	进给量 $f/(\mathrm{mm} \cdot \mathrm{r}^{-1})$	背吃刀量 $a_{\mathrm{p}}/\mathrm{mm}$

（7）结合零件加工工序安排和切削参数，填写工艺卡片，如表6-10所示。

表6-10　加工工艺卡片

材料		零件图号		零件名称		工序号	
程序名		机床设备			夹具名称		
工步号	工步内容（走刀路线）	G功能	T刀具	切削用量			
				转速 n $/(\mathrm{r} \cdot \mathrm{min}^{-1})$	进给量 f $/(\mathrm{mm} \cdot \mathrm{r}^{-1})$	背吃刀量 $a_{\mathrm{p}}/\mathrm{mm}$	

2）数控加工程序编制

（1）工件轮廓坐标点计算。

根据工件坐标系的工件原点，计算工件外轮廓上各连接点的坐标值。

（2）确定编程内容。

根据钻套零件表面上各连接几何要素的形状，确定刀具的运动，快速点定位指令_____，直线插补指令_____，轮廓粗加工循环指令_____，轮廓精加工循环指令_____，内圆轮廓加工指令_____，切槽加工指令_____，编制出零件的加工程序。

3）数控加工

确定数控机床加工零件的步骤：输入数控加工程序→验证加工程序→查看加工走刀路线→零件加工对刀操作→零件加工。

程序输入的模式：_____

程序验证的模式：_____

单把刀对刀步骤：_____

多把刀对刀步骤：_____

零件加工的模式：_____

4）零件检测

工、量、检具的选择和使用。

_____

_____

2. 总结归纳

通过钻套零件编程与加工项目设计和实施，对所学、所获进行归纳总结。

_____

_____

3. 存在问题/解决方案/优化可行性

_____

_____

 拓展提高

1. 编程与车削

完成图 6-4 所示齿轮坯的编程与车削加工，材料 45 钢，生产规模为单件。

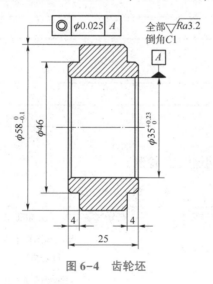

图 6-4　齿轮坯

2. 任务分析

_____

_____

_____

3. 任务决策

（1）毛坯尺寸。

（2）机床、夹具、刀具的选择。

（3）加工工序安排。

（4）走刀路线的确定。

（5）切削用量的选择。

（6）填写工艺卡片，如表 6-11 所示。

表 6-11　工艺卡片

材料		零件图号		零件名称	齿轮坯	工序号	
程序名		机床设备			夹具名称		
工步号	工步内容 （走刀路线）	G 功能	T 刀具	切削用量			
				转速 n $/(\text{r}\cdot\text{min}^{-1})$	进给量 f $/(\text{mm}\cdot\text{r}^{-1})$	背吃刀量 a_{p}/mm	

4. 任务实施

1）编制加工程序

_____

_____

_____

2）零件加工步骤

_____

_____

_____

3）零件检测

按表 6-12 内容进行小组零件检测。

表 6-12　小组检测评分表

序号	考核项目	考核要求	配分	评分标准	检测结果	得分	备注
1	形状 （10 分）	外圆轮廓	5	形状与图样不符， 每处扣 1 分			
		内圆轮廓	5	形状与图样不符， 每处扣 1 分			
2	尺寸精度 （45 分）	$\phi 58_{-0.1}^{0}$ mm	5	超差 0.01 mm 扣 2 分			
		$\phi 46$ mm	5	超差 0.01 mm 扣 2 分			
		$\phi 35_{0}^{+0.23}$ mm	5	超差 0.01 mm 扣 2 分			
		2 处宽度 4 mm	4	超差 0.01 mm 扣 2 分			
		6 处倒角 $C1$	6	超差 0.01 mm 扣 2 分			
		25 mm	5	超差 0.01 mm 扣 2 分			
		三处形位公差	15	超差 0.01 mm 扣 2 分			

序号	考核项目	考核要求	配分	评分标准	检测结果	得分	备注
3	表面粗糙度 （15分）	全部 $Ra3.2\ \mu m$	15	超差 0.01 mm 扣 2 分			
4	机床操作 （30分）	开机及系统复位	5	出现错误不得分			
		装夹工件	5	出现错误不得分			
		输入及修改程序	10	出现错误不得分			
		正确设定对刀点	10	出现错误不得分			

通过小组自评、组间互评和教师评价，完成考核评价表6-13。

表 6-13　考核评价表

评价项目	序号	技术要求	配分	评分标准	自评 30%	互评 30%	师评 40%	得分
专业能力 （60分）	1	程序正确完整	10	不规范每处扣1分				
	2	切削用量合理	5	每错一处扣1分				
	3	工艺过程规范合理	5	不合理每处扣1分				
	4	刀具选择正确	5	不正确每处扣1分				
	5	对刀及坐标系设定正确	10	不正确每处扣1分				
	6	机床操作规范	5	不规范每处扣1分				
	7	尺寸精度符合要求	10	不合格每处扣1分				
	8	表面粗糙度及形位公差符合要求	10	不合格每处扣1分				
职业素养 （30分）	1	分工合理，制订计划能力强，严谨认真	5	根据学员的学习情况、表达沟通能力、合作能力和创新能力综合给分				
	2	安全文明生产，规范操作、爱岗敬业、责任意识	5					
	3	团队合作、交流沟通、互相协作、分享能力	5					
	4	遵守行业规范、企业标准	5					
	5	主动性强，保质保量完成工作任务	5					
	6	采取多样化手段收集信息、解决问题	5					
创新意识 （10分）	1	创新性思维和行动	10					

5. 任务总结

从以下几方面进行总结与反思：

（1）对工件尺寸精度和表面质量进行评价，找出尺寸超差或表面质量缺陷的原因，提出改进方法。

（2）对工艺合理性、加工效率、刀具寿命等方面进行评价，进一步优化切削参数。

（3）对整个加工过程中出现的违反 5S 管理、安全文明生产等操作进行反思。

自我评估与总结：

_____

_____

知识链接

一、套类零件的特点

1. 功用

套类零件在机器中主要起支承和导向作用。

套类零件加工工艺分析

2. 结构特点

零件主要由有较高同轴要求的内外圆表面组成，零件的壁厚较小，易产生变形，轴向尺寸一般大于外圆直径。

3. 主要技术要求

孔与外圆一般具有较高的同轴度要求；端面与孔轴线（亦有外圆的情况）的垂直度要求；内孔表面本身的尺寸精度、形状精度及表面粗糙度要求；外圆表面本身的尺寸、形状精度及表面粗糙度要求等。

套类零件的外圆表面多以过盈或过度配合与机架或箱体孔相配合其支撑作用。内孔主要起导向作用或支撑作用，常与运动轴、主轴、活塞、滑阀相配合，有些套的端面或凸缘端面有定位或支撑载荷的作用。

二、套类零件的制造工艺特点

1. 套类零件毛坯与材料的选择

套类零件毛坯，要视其结构尺寸与材料而定，孔径较大，一般选用带孔的铸件或锻件，壁厚较小且较均匀时，还可选用管料。孔径较小时，可选用棒料或实心铸件。在大批量生产情况下，为节省材料、提高生产率，也可以采用冷挤压、粉末冶金、工艺制造精度较高的毛坯，提高毛坯精度，提高生产率，节约用材。

套类材料一般选用钢、铸件、青铜或黄铜材料。滑动轴承宜选用铜料，有些要求较高的滑动轴承，为节省贵重材料而采用金属结构，即用离心铸造法，在钢或铸件的内壁上浇铸一层巴氏合金等材料，用来提高轴承的寿命。有些强度要求较高的套，则选用优质合金钢。

2. 套类零件的基准与安装

（1）尽可能在一次装夹中完成车削工件的全部或大部分表面。

如图 6-5 所示，车削图在一次装夹中完成工件全部表面车削加工，单件、小批量生产，可在一次装夹中把工件大部分表面车削至要求，切断后，调头采用软卡爪装夹精车端面和倒角。这种方法不存在因装夹而产生的定位误差，可获得较高在一次装夹中完成的形位公差精度。但这种方法换刀频繁，不利于提高生产效率，大批量生产一般不采用该方法。

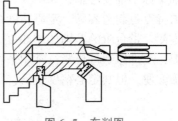

图 6-5　车削图

（2）以外圆作为定位基准。

在加工外圆直径较大、内孔直径较小、定位长度较短的工件时，多以外圆为基准来保证工件的位置精度。此时，一般应用软卡爪装夹工件。软卡爪用未经淬火的 45 钢制成，软卡爪的形状及制作如图 6-6 所示，车削软卡爪的内限位台阶时，定位圆柱应放在卡爪的里面，用卡爪底部夹紧。用图 6-7 所示的扇形软卡爪装夹精车工件内孔和端面精车内孔、端面，工件不易发生变形。

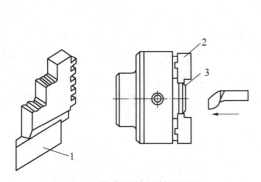

图 6-6　软卡爪的形状及制作

1，2—软卡爪；3—定位圆柱

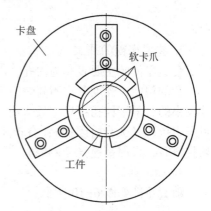

图 6-7　工件用扇形软卡爪装夹

（3）以内孔为基准精车外圆和端面。

①工件用胀力芯轴装夹（图 6-8）精车外圆、端面，保证外圆和端面对孔轴线的位置精度，且工件不易变形。

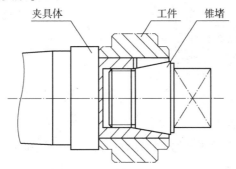

图 6-8　工件用胀力芯轴装夹

②工件用实体芯轴装夹。实体芯轴分不带台阶和带台阶两种。不带台阶的实体芯轴又称小锥度芯轴，如图6-9（a）所示，其锥度 $C=1:5\,000\sim1:1\,000$，这种芯轴的特点是制造容易、定心精度高，但轴向无法定位，承受切削力小，工件装卸时不太方便。带台阶的芯轴如图6-9（b）所示，其配合圆柱面与工件孔保持较小的配合间隙，工件靠螺母压紧，常用来一次装夹多个工件，若装上快换垫圈，则装卸工件就更加方便，但其定心精度较低，只能保证0.02 mm左右的同轴度。

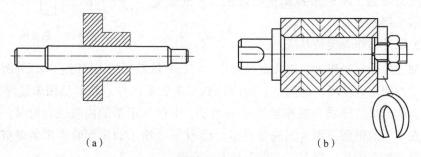

（a）   （b）

图6-9　工件用实体芯轴装夹

（a）小锥度芯轴；（b）台阶芯轴

3. 主要表面的加工

套类零件的主要表面为内孔，内孔加工方法很多。

孔的精度、光度要求不高时，可采用扩孔、车孔、镗孔等；精度要求较高时，尺寸较小的可采用铰孔；尺寸较大时，可采用磨孔、珩孔、滚压孔；生产批量较大时，可采用拉孔（无台阶阻挡）；有较高表面贴合要求时，采用研磨孔；加工有色金属等软材料时，采用精镗（金刚镗）。

4. 加工案例

轴套零件如图6-10所示。

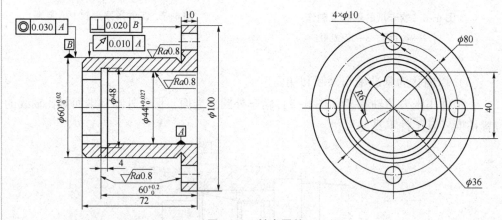

图6-10　轴套零件

1）零件工艺性分析

（1）零件材料：45钢，切削加工性良好。刀具材料及其几何参数选择方案同图6-2钻套案例。

（2）零件组成表面：外圆表面（$\phi100$ mm，$\phi60$ mm），内表面（$\phi44$ mm），型

孔，两端面，内、外台阶面，内、外退刀槽，内、外倒角。

（3）主要表面分析：$\phi44$ mm 内孔既是支承其他零件的支承面，亦是本零件的主要基准面；$\phi60$ mm 外圆及其台阶面亦用于支承其他零件。

（4）主要技术条件：$\phi60$ mm 外圆与 $\phi44$ mm 内孔的同轴度控制在 0.03 mm 范围内；台阶面与 $\phi44$ mm 内孔的垂直度控制在 $\phi44$ mm 内孔本身的尺寸公差为 0.027 mm；粗糙度 $Ra0.8$ μm；零件热处理硬度 HRC50~55。

2）零件制造工艺设计

（1）毛坯选择：根据零件材料为 45 钢，生产类型为中批生产，零件直径尺寸差异较大，零件壁薄、刚度低、易变形，加工精度要求较高，零件需经淬火处理等多方面因素，在棒料与模锻间做出选择：模锻件。

（2）基准分析：主要定位基准应为 $\phi44$ mm 内孔中心；加工内孔时的定位基准则为 $\phi60$ mm 外圆中心。

（3）安装方案：加工大端及内孔时，可直接采用三爪卡盘装夹；粗加工小端可采用反爪夹大端，半精、精加工小端时，则应配芯轴，以 $\phi44$ mm 孔定位轴向夹紧工件。型孔加工时，可采用分度头安装，将主轴上抬 90°，并采用直接分度法，保证 3×$\phi6$ mm 在零件圆周上的均分位置。对大端的四个螺钉过孔则采用专用夹具安装：以大端面及 $\phi44$ mm 孔作主定位基准，型孔防转，工件轴向夹紧。

（4）零件表面加工方法：$\phi44$ mm 内孔采用精磨达到精度及粗糙度要求；外圆及其台阶面采用磨削加工；其余回转面以半精车满足加工要求；型孔在立铣上完成；四个安装孔采用钻削。

（5）热处理安排：因模锻件的表层有硬皮，会加速刀具磨损和钝化，为改善切削加工性，模锻后对毛坯进行退火处理，软化硬皮；零件的终处理为淬火，由于零件壁厚小，易变形，加之零件加工精度要求高，为尽量控制淬火变形，在零件粗加工后安排调质处理作预处理。

（6）其他工序安排：转换车间前应安排中间检验，易出现毛刺工序后安排去毛刺。

（7）设备、工装选择：设备选择有卧式车床、立式铣床、钻床、内圆磨床及外圆磨床。

专用夹具有芯轴式车床夹具及磨床夹具、钻孔夹具。定尺寸刀具有 $\phi6$ mm 立铣刀、$\phi10$ mm 麻花钻、内外切槽刀。所用量具有卡尺、内径千分尺等。

三、套类零件的检测

1. 尺寸精度的检验

孔的尺寸精度要求较低时，可采用钢直尺、内卡钳或游标卡尺测量。精度要求较高时，可以用塞规和内径千分尺进行测量，如图 6-11 和图 6-12 所示。用塞规检验孔径时，过端进入孔内，而止端不进入孔内，说明工件孔径合格。内径千分尺测量时应在孔内摆动，在直径方向应找出最大尺寸，轴向应找出最小尺寸，这两个重合尺寸，就是孔的实际尺寸。

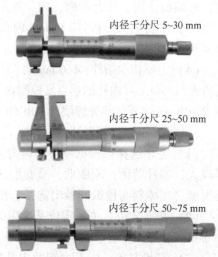

内径千分尺 5~30 mm

内径千分尺 25~50 mm

内径千分尺 50~75 mm

图 6-11　塞规

图 6-12　内径千分尺

2. 形状精度的检验

在车床上加工的圆柱孔，其形状精度一般仅测量孔的圆度和圆柱度两项形状偏差。当孔的圆度要求不很高时，在生产现场可用内径百分（千分）表在孔的圆周各个方向去测量，测量结果的最大值与最小值之差的一半即为圆度误差。内径千分表如图 6-13 所示。

图 6-13　内径千分表

3. 位置精度的检验

位置精度的检验主要是检测径向圆跳动和端面圆跳动。一般套类工件测量径向圆跳动时都可以用内孔作基准，把工件套在精度很高的芯轴上，用百分表（或千分表）来检验，百分表在工件转一周中的读数差，就是径向圆跳动误差。检验端面圆跳动时，先把工件安装在精度很高的芯轴上，利用芯轴上极小的锥度使工件轴向定位，然后把杠杆式百分表的圆测头靠在所需要测量的端面上，转动芯轴，测得百分表的读数差，就是端面圆跳动误差。

四、单一固定循环指令

1. 内外圆切削 G90

指令格式：G90 X(U)　Z(W)　R~　F~；

G90、G94 指令讲解视频

指令功能：实现外圆切削循环和锥面切削循环。

刀具从循环起点按图 6-14 与图 6-15 所示走刀路线，最后返回到循环起点，图中虚线表示按 R 快速移动，实线表示按 F 指定的工件进给速度移动。

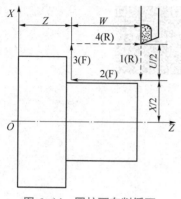

图 6-14　圆柱面车削循环

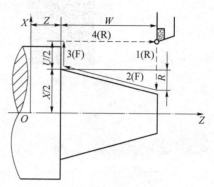

图 6-15　圆锥面车削循环

指令说明：

（1）X、Z 表示切削终点坐标值；

（2）U、W 表示切削终点相对循环起点的坐标分量；

（3）R 表示切削始点与切削终点在 X 轴方向的坐标增量（半径值），外圆切削循环时 R 为零，可省略；

（4）F 表示进给速度。

2. 端面（锥面）粗车循环指令 G94

该指令主要用于盘套类零件的粗加工工序。

指令格式：G94　X(U)　Z(W)　R~　F~；

式中，X、Z——端面切削终点绝对坐标值；

U、W——切削终点相对于刀具起点的增量坐标值；

R——切削循环起点 C 与循环终点 B 的 Z 轴方向坐标值之差。

当 R＝0 时，端面切削循环 R 可省略，轨迹如图 6-16 所示。

当 R≠0 时，为锥面切削循环，如图 6-17 所示，切削锥面的轨迹为顺锥。

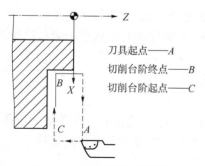

图 6-16　G94 端面切削循环

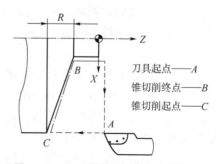

图 6-17　G94 带锥度的端面切削循环

当 R 值为负值时，倒锥 R 为正值。

G94 指令运行结束，车刀返回到刀具起点 A。

【套类零件编程与加工案例教学视频】

套类零件的数控工艺分析

套类零件的数控编程

职业技能鉴定理论试题

一、单项选择题

1. FANUC 数控车床系统中 G90 是（　　）指令。
A. 增量编程　　　　　　　　　　　B. 圆柱或圆锥面车削循环
C. 螺纹车削循环　　　　　　　　　D. 端面车削循环

2. 数控机床上精加工直径 30 mm 以上孔时，通常采用（　　）。
A. 镗孔　　　　　B. 钻孔　　　　　C. 铰孔　　　　　D. 铣孔

3. 通常将深度与直径之比大于（　　）倍以上的孔，称为深孔。
A. 3　　　　　　　B. 5　　　　　　　C. 10　　　　　　D. 8

4. 以内孔作定位基准，加工外圆柱面，采用夹具有（　　）。
A. 滑板上车床夹具　B. 芯轴类　　　C. 顶尖　　　　　D. 卡盘

5. （　　）不能用于定位孔为不通孔的工件。
A. 自夹紧滚珠芯轴　　　　　　　　B. 过盈配合芯轴
C. 间隙配合芯轴　　　　　　　　　D. 可胀式芯轴

6. 在孔加工时，往往需要快速接近工件、工进速度进行孔加工及孔加工完后（　　）退回三个固定动作。
A. 快速　　　　　B. 工进速度　　　C. 旋转速度　　　D. 线速度

二、判断题

（　　）1. 在固定循环 G90、G94 切削过程中，M、S、T 功能可改变。

（　　）2. 程序段 G90 X~　Z~　F~中，X、Z 指定的是本程序段运行结束时的终点坐标。

（　　）3. 扩孔钻可用于孔的半精加工及最终加工。

（　　）4. 高刚性麻花钻须采用间歇进给方式。

（　　）5. 孔加工循环加工通孔时一般刀具还要伸长超过工件或平面一段距离，主要是保证全部孔深都加工到尺寸，钻削时还要考虑钻头钻尖对孔深的影响。

（　　）6. 深孔钻削时切削速度越小越好。

任务7 螺纹配合件编程与加工

任务描述

本项目要求在 FUNAC 0iT 系统的数控车床上加工如图 7-1 和图 7-2 所示的螺纹配合件零件。对螺纹配合件零件进行工艺分析，编制零件的加工程序，利用数控车床加工、检测螺纹轴和螺纹套的尺寸和精度、质量分析等内容，工作过程进行详解。

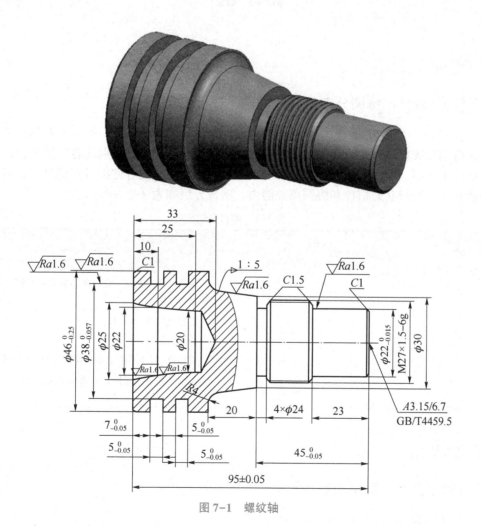

图 7-1 螺纹轴

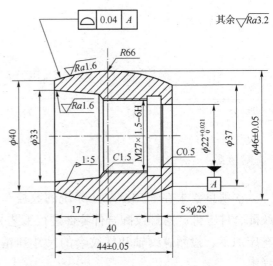

图 7-2 螺纹套

【团队合作、协调分工；共同讨论、分析任务】

将班级学生分组，4 人或 5 人为一组，由轮值安排生成组长，使每个人都有培养组织协调和管理能力的机会。每人都有明确的任务分工，4 人分别代表项目组长、工艺设计工程师、数控车技师、产品验收工程师，模拟螺纹配合件项目实施过程，培养团队合作、互帮互助精神和协同攻关能力。项目分组如表 7-1 所示。

表 7-1 项目分组

项目组长		组名		指导教师	
团队成员	学号	角色指派		备注	
		项目组长		统筹计划、进度、安排和团队成员协调，解决疑难问题	
		工艺设计工程师		进行螺纹配合件工艺分析，确定工艺方案，编制加工程序	
		数控车技师		进行数控车床操作，加工螺纹配合件的调试	
		产品验收工程师		根据任务书、评价表对项目功能、组员表现进行打分评价	

任务分析

【计划先行，谋定而后动】

1. 加工对象

（1）进行零件加工，首先根据零件图纸分析加工对象。

本项目的加工对象是＿＿＿＿＿＿＿＿＿＿＿＿＿＿＿＿＿＿＿＿＿＿

（2）零件图纸分析内容包括＿＿＿＿＿＿＿＿＿＿＿＿＿＿＿＿＿＿

2. 加工工艺内容

（1）根据零件图纸，选择相应的毛坯材质＿＿＿＿＿、尺寸＿＿＿＿＿

（2）根据零件图纸，选择数控车床型号＿＿＿＿＿＿＿＿＿

（3）根据零件图纸，选择正确的夹具＿＿＿＿＿＿

（4）根据零件图纸，选择正确的刀具＿＿＿＿＿＿

（5）根据零件图纸，确定工序安排＿＿＿＿＿＿＿＿＿＿＿＿＿＿＿＿

＿＿＿＿＿＿＿＿＿＿＿＿＿＿＿＿＿＿＿＿＿＿＿＿＿＿＿＿＿＿＿＿

（6）根据零件图纸，确定走刀路线＿＿＿＿＿＿＿＿＿＿＿＿＿＿＿＿

＿＿＿＿＿＿＿＿＿＿＿＿＿＿＿＿＿＿＿＿＿＿＿＿＿＿＿＿＿＿＿＿

（7）根据零件图纸，确定切削参数＿＿＿＿＿＿＿＿＿＿＿＿＿＿＿＿

3. 编程指令

螺纹配合件加工需要的功能指令有＿＿＿＿＿＿＿＿＿＿＿＿＿

零件加工程序的编制格式＿＿＿＿＿＿＿＿＿＿＿＿

4. 零件加工

（1）零件加工的工件原点取在哪个位置？

＿＿＿＿＿＿＿＿＿＿＿＿＿＿＿＿＿＿＿＿＿＿＿＿＿＿＿＿

（2）零件的装夹方式＿＿＿＿＿＿＿＿＿＿＿＿＿＿＿＿

（3）加工程序的调试操作步骤：

＿＿＿＿＿＿＿＿＿＿＿＿＿＿＿＿＿＿＿＿＿＿＿＿＿＿＿＿＿＿＿＿

5. 零件检测

（1）零件检测使用的量具：＿＿＿＿＿＿＿＿＿＿＿＿＿

（2）零件检测的标准有哪些？

＿＿＿＿＿＿＿＿＿＿＿＿＿＿＿＿＿＿＿＿＿＿＿＿＿＿＿＿＿＿＿＿

任务决策

1. 加工对象

图 7-1 所示为螺纹轴，零件两端都需要加工。左端加工内容：外圆轮廓、两个 5 mm 宽的切槽、内圆轮廓；右端加工内容：外圆轮廓、4 mm 宽的切槽、外螺纹 M27×1.5-6g。

图 7-2 所示为螺纹套，零件内外表面都需要加工。内圆表面：内圆轮廓、宽度 为 5 mm 的内切槽、内圆螺纹 M27×1.5。

螺纹轴和螺纹套对工件的表面精度都有一定的要求。

2. 零件图工艺分析

1）毛坯的选择

根据实际情况和加工零件的具体要求，选用零件的材料为 45 钢，45 钢为优质碳素结构钢，是轴类零件的常用材料，它价格便宜经过调质（或正火）后，可得到较好的切削性能，而且能获得较高的强度和韧性等综合机械性能，淬火后表面硬度可达 45~52HRC。

毛坯的选择：工件 1 的毛坯尺寸为 $\phi50\times100$ mm 的棒料，工件 2 的毛坯选用外径为 $\phi50$ mm、内径为 $\phi20$ mm 的管料。

2）机床选择

考虑产品的精度要求，选用 CKY400B 型号的数控车床。

3）确定装夹方案和定位基准

螺纹轴的夹具为三爪自定心液压卡盘，先夹持零件的毛坯外圆 $\phi50$ mm 处，确定零件伸出合适的长度（把车床的限位距离考虑进去），零件左端加工长度为 35 mm，卡盘的限位安全距离为 5 mm，因此零件应伸出卡盘长度超过 35 mm。螺纹轴的左端加工完成后，掉头装夹，三爪卡盘夹持工件左端的外圆面。

螺纹套以外圆表面为定位基准，确定零件的加工长度为 44 mm，考虑加工后切断，切断宽度预留 5 mm，卡盘的限位安全距离为 5 mm，因此三爪卡盘夹持工件伸出卡盘长度超过 55 mm。

4）确定加工顺序及进给路线

加工路线如下：

（1）粗、精加工螺纹轴左端外圆轮廓。

（2）车螺纹轴左端 $\phi38$ mm×5 mm 两槽。

（3）粗、精加工螺纹轴左端内圆轮廓。

（4）调头校正，手工车端面，保证总长 95 mm，钻中心孔，顶上顶尖。

（5）粗、精加工螺纹轴右端外圆轮廓。

（6）车螺纹轴右端 $\phi24$ mm×4 mm 槽。

（7）车螺纹轴右端 M27×1.5 外螺纹。

（8）粗、精加工螺纹套内圆表面轮廓。

（9）车螺纹套 $\phi28$ mm×5 mm 内槽。

（10）车螺纹套 M27×1.5 内螺纹。

（11）将螺纹轴旋入螺纹套，粗、精加螺纹套外圆轮廓。

5）选择刀具及切削用量

螺纹配合件需加工的内容很多，端面、外圆、切槽、螺纹和切断，根据零件精度要求和工序安排，确定刀具几何参数及切削参数，如表 7-2 所示。

表 7-2　刀具及切削参数

序号	加工表面	刀具号	刀具类型	主轴转速 $n/(\mathrm{r}\cdot\mathrm{min}^{-1})$	进给速度 $v_f/(\mathrm{mm}\cdot\mathrm{min}^{-1})$
1	车外形	T0101	93°菱形外圆车刀		
2	车外槽	T0202	刀片宽度 4 mm 外切槽刀		
3	车外螺纹	T0303	60°螺纹刀		
4	车内孔	T0404	刀片宽度 4 mm 内孔镗刀		
5	车内槽	T0505	刀片宽度 5 mm 内切槽刀		
6	车内螺纹	T0606	60°内螺纹刀		

螺纹轴加工工艺卡如表 7-3 所示，螺纹套加工工艺卡如表 7-4 所示。

表 7-3 螺纹轴加工工艺卡

材料	45 钢	零件图号		零件名称	螺纹轴	工序号	001
程序名	O7001 O7002 O7003 O7004	机床设备	FANUC 0iT 数控车床	夹具名称	三爪自定心卡盘		
工步号	工步内容 （走刀路线）	G 功能	T 刀具	切削用量			
				转速 n /(r·min^{-1})	进给量 f /(mm·r^{-1})	背吃刀量 a_p/mm	
1	粗加工左端外圆	G71	T0101	800	0.2	2.8	
2	精加工左端外圆	G70	T0101	1 500	0.1	0.2	
3	车 ϕ38 mm×5 mm 两槽	G01	T0202	400	0.05	4	
4	粗加工左端内圆	G71	T0404	600	0.1	2.3	
5	精加工左端内圆	G70	T0404	1 200	0.05	0.2	
6	粗加工右端外圆	G71	T0101	800	0.2	14.8	
7	精加工右端外圆	G70	T0101	1 500	0.1	0.2	
8	车右端 ϕ24 mm×4 mm 槽	G01	T0202	400	0.05	1.5	
9	车右端 M27×1.5 外螺纹	G92	T0303	400	1.5	0.975	

表 7-4 螺纹套加工工艺卡

材料	45 钢	零件图号		零件名称	螺纹套	工序号	002
程序名	O7005 O7006	机床设备	FANUC 0iT 数控车床	夹具名称	三爪自定心卡盘		
工步号	工步内容 （走刀路线）	G 功能	T 刀具	切削用量			
				转速 n /(r·min^{-1})	进给量 f /(mm·r^{-1})	背吃刀量 a_p/mm	
1	粗加工内圆	G71	T0404	600	0.1	6.3	
2	精加工内圆	G70	T0404	1 200	0.05	0.2	
3	车 ϕ28 mm×5 mm 内槽	G01	T0505	400	0.05	2	
4	车 M27×1.5 内螺纹	G92	T0606	400	1.5	0.975	
5	粗加外圆轮廓	G73	T0101	800	0.2	6.3	
6	精加外圆轮廓	G70	T0101	1 500	0.1	0.2	

3. 程序编制

编写数控加工程序，加工程序单如下：

螺纹轴左端外形加工程序单

程序内容（FANUC 程序）	注　释
O7001；	左端外圆轮廓切削主程序
N10 G00 X100 Z100；	快速移动到换刀点
N20 T0101；	选用外圆车刀
N30 M03 S800；	粗加工转速为 800 r/min
N40 G00 X51 Z3 ；	刀具至循环起始点
N50 G71 U1. 0 R2；	粗车固定循环
N60 G71 P70 Q110 U0. 4 W0. 2 F0. 2；	
N70 G00 X44；	
N80 G01 Z0 F0. 1；	
N90 X46 Z−1；	精车循环外圆轮廓
N100 Z−35；	
N110 X50；	
N120 M03 S1500；	精加工转速为 1 500 r/min
N130 G70 P70 Q110；	精车外圆轮廓
N140 G00 X100 Z100；	外圆车刀退刀
N150 T0202；	换外圆切槽刀
N160M03 S400；	切槽转速为 400 r/min
G00 X48 Z−12；	刀具至切槽起始点
M98 P20802	调用 2 次切槽子程序
G00 X100 Z100；	切槽刀退刀
M30；	程序结束回到程序起始处
O7002；	切槽子程序
G01 X38 F0. 12；	切至槽底
G04 X2；	精加工槽底
G01 X48；	切槽刀退刀
G00 W−10 ；	快速移动到第二个切槽处
M99；	子程序结束返回主程序

螺纹轴左端内形加工程序单

程序内容（FANUC 程序）	注　释
O7003；	左端内圆轮廓切削程序
N10 G00 X100 Z100；	快速移动到换刀点
N20 T0404；	选用内圆车刀
N30 M03 S600；	粗加工转速为 600 r/min
N40 G00 X16 Z3 ；	刀具至循环起始点
N50 G71 U1. 0 R2；	粗车固定循环
N60 G71 P70 Q110 U−0. 4 W0. 2 F0. 2；	
N70 G00 X25；	
N80 G01 Z0 F0. 1；	
N90 X22 Z−10；	精车循环外圆轮廓
N100 X20 Z−25；	
N110 X18；	
N120 M03 S1200；	精加工转速为 1 200 r/min

N130 G70 P70 Q110；　　　　　　　　　　　　精车内圆轮廓
N140 G00 X100 Z100；　　　　　　　　　　　快速移动到换刀点
N150 M30；　　　　　　　　　　　　　　　　程序结束回到程序起始处

螺纹轴右端外形加工程序单

程序内容（FANUC 程序）　　　　　　　　　　　　　　注　　释
O7004；　　　　　　　　　　　　　　　　　右端外圆轮廓切削程序
N10 G00 X100 Z100；　　　　　　　　　　　快速移动到换刀点
N20 T0101；　　　　　　　　　　　　　　　选用外圆车刀
N30 M03 S800；　　　　　　　　　　　　　粗加工转速为 800 r/min
N40 G00 X51 Z3 ；　　　　　　　　　　　　刀具至循环起始点
N50 G71 U1.0 R2；
N60 G71 P70 Q170 U0.4 W0.2 F0.2；　　　粗车固定循环
N70 G00 X20；
N80 G01 Z0 F0.1；
N90 X22 Z-1；
N100 Z-23；
N110 X24；
N120 X27 Z-24.5；　　　　　　　　　　　精车循环外圆轮廓
N130 Z-45；
N140 X30；
N150 X34 Z-61；
N160 G02 X40 Z-65 R4；
N170 X48；
N180 M03 S1500；　　　　　　　　　　　　精加工转速为 1 500 r/min
N190 G70 P70 Q170；　　　　　　　　　　精车内圆轮廓
N200 G00 X100 Z100；　　　　　　　　　　外圆车刀退刀
N210 T0202；　　　　　　　　　　　　　　换外圆切槽刀
N220 M03 S400；　　　　　　　　　　　　切槽转速为 400 r/min
N230 G00 X32 Z-45 ；　　　　　　　　　　刀具至切槽起始点
N240 G01 X24 F0.12；　　　　　　　　　　切至槽底
N250 G04 X2；　　　　　　　　　　　　　精加工槽底
N260 G01 X32；　　　　　　　　　　　　切槽刀退刀
N270 G00 X100 Z100；　　　　　　　　　　快速移动到换刀点
N280 T0303；　　　　　　　　　　　　　　换外圆螺纹刀
N290 G00 X30 Z-20；　　　　　　　　　　刀具至螺纹切削循环点
N300 G92 X26.2 Z-43 F1.5；
N310 X25.6；
N320 X25.2；　　　　　　　　　　　　　　螺纹循环切削
N330 X25.04；
N340 G00 X100 Z100；　　　　　　　　　　快速移动到换刀点
N350 M30；　　　　　　　　　　　　　　　程序结束回到程序起始处

螺纹套内形加工程序单

程序内容（FANUC 程序）　　　　　　　　　　　　　　注　　释
O7005；　　　　　　　　　　　　　　　　　左端内圆轮廓切削程序
N10 G00 X100 Z100；　　　　　　　　　　　快速移动到换刀点
N20 T0404；　　　　　　　　　　　　　　　选用内圆车刀

N30 M03 S600;	粗加工转速为 600 r/min
N40 G00 X16 Z3 ;	刀具至循环起始点
N50 G71 U1.0 R2;	
N60 G71 P70 Q140 U-0.4 W0.2 F0.2;	粗车固定循环
N70 G00 X33;	
N80 G01 Z0 F0.1;	
N90 X28 Z-17;	
N100 X25 Z-18.5;	
N110 Z-40;	精车循环外圆轮廓
N120 X21 Z-40.5;	
N130 X22 Z-44;	
N140 X16;	
N120 M03 S1200;	精加工转速为 1 200 r/min
N130 G70 P70 Q110;	精车内圆轮廓
N140 G00 X100 Z100;	快速移动到换刀点
N150 T0505;	选用内切槽刀
N160 M03 S400;	切槽转速为 400 r/min
N170 G00 X22 Z5;	刀具先定位 X 轴坐标
N180 Z-40 ;	刀具至切槽起始点
N190 G01 X28 F0.05;	切至槽底
N200 G04 X2;	精加工槽底
N210 G01 X22;	切槽刀 X 轴退刀
N220 G00 Z5;	切槽刀 Z 轴退刀
N230 G00 X100 Z100;	快速移动到换刀点
N240 T0606;	换内圆螺纹刀
N250 G00 X22 Z5;	刀具先定位
N260 Z-15;	刀具至螺纹切削循环点
N270 G92 X25.8 Z-38 F1.5;	
N280 X26.4;	螺纹循环切削
N290 X27;	
N300 X27.16;	
N310 G00 X100 Z100;	快速移动到换刀点
N320 M30;	程序结束回到程序起始处

螺纹套外形加工程序单

程序内容(FANUC 程序)	注　释
O7006;	外圆轮廓切削程序
N10 G00 X100 Z100;	快速移动到换刀点
N20 T0101;	选用外圆车刀
N30 M03 S800;	粗加工转速为 800 r/min
N40 G00 X51 Z3 ;	刀具至循环起始点
N50 G73 U6.3 W1.8 R7;	粗车固定循环
N60 G73 P70 Q100 U0.4 W0.2 F0.2;	

N70 G00 X37 Z1;

N80 G01 Z0 F0.1;   精车循环外圆轮廓

N90 G03 X40 Z-44 R66 F0.1;

N100 G01 X50;

N110 M03 S1500;   精加工转速为 1 500 r/min

N120 G70 P70 Q100;   精车外圆轮廓

N130 G00 X100 Z100;   快速移动到换刀点

N140 M30;   程序结束回到程序起始处

任务实施

1. 领用工具

螺纹配合件数控车削加工所需的工、刀、量具如表 7-5 所示。

表 7-5　螺纹配合件数控车削加工所需的工、刀、量具

序号	名称	规　格	数量	备注
1	游标卡尺	0~150 mm、0.02 mm	1 把	
2	外径千分尺	25~50 mm, 50~75mm, 0.01 mm	各 1 把	
3	百分表	0~10 mm, 0.01 mm	1 把	
4	内径千分尺	25~50 mm, 0.01 mm	1 把	
5	外圆车刀	93°外圆车刀	1 把	
6	外圆切槽刀	刀片厚度为 4 mm	1 把	
7	外圆螺纹刀	60°外圆螺纹刀	1 把	
8	钻头	ϕ20 mm 麻花钻	1 把	
9	内圆车刀	刀杆直径 ϕ16 mm, 93°内圆车刀	1 把	
10	内圆切槽刀	刀杆直径 ϕ16 mm, 刀片厚度为 5 mm	1 把	
11	内圆螺纹刀	刀杆直径 ϕ16 mm, 60°内圆螺纹刀	1 把	
12	材料	外径 ϕ65 mm、内径的 ϕ20 mm45 钢棒材	1 根	
13	其他	铜棒、铜皮、毛刷等常用工具；计算机、计算器、编程用书等		选用

2. 零件的加工

（1）打开机床电源。

（2）检查机床运行正常。

（3）输入螺纹配合件的所有加工程序。

（4）程序录入后试运行，检查刀路路径正确。

（5）进行工、量、刀、夹具的准备。

（6）工件安装。

（7）装刀及对刀。

（8）加工零件。实施切削加工，作为单件加工或批量的首件加工，为了避免尺寸超差，应在对刀后把 X 向的刀补加大 0.5 mm 再加工，精车后检测尺寸、修改刀补，再次精车。

实际操作过程中遇到的问题和解决措施记录于表 7-6 中。

表 7-6　遇到的问题及解决措施

遇到的问题	解决措施
程序验证时，图形界面看不到运行轨迹	
建立工件坐标系时，如何确定刀尖点	
多把刀对刀时，刀补如何建立	

3. 关闭机床电源操作

拆卸工件、刀具、打扫机床并在机床工件台面上涂机油，完毕后关闭机床电源。

任务评价

1. 小组自查

小组加工完成后对零件进行去毛刺和尺寸的检测，零件检测的评分表如表 7-7 所示。【秉持诚实守信、认真负责的工作态度，强化质量意识，严格按图纸要求加工出合格产品，并如实填写检测结果】

表 7-7　螺纹配合件的小组检测评分表

序号	考核项目	考核内容及要求		评分标准	配分	检测结果	得分	备注
1		M27×1.5-6g		超差不得分	3			
2		$R4$ mm		超差不得分	4			
3		倒角（3处）		错、漏 1 处扣 1 分	4			
4		95 mm±0.05 mm		每超差 0.01 mm 扣 1 分	3			
5		$\phi46$ mm$^{0}_{-0.025\,mm}$	IT	每超差 0.01 mm 扣 1 分	4			
6			$Ra1.6$ μm	每降 1 级扣 1 分	3			
7	螺纹轴	$\phi22$ mm$^{0}_{-0.015\,mm}$	IT	每超差 0.01 mm 扣 1 分	4			
			$Ra1.6$ μm	每降 1 级扣 1 分	3			
8		$\phi38$ mm$^{0}_{-0.057\,mm}$	IT	每超差 0.01 mm 扣 1 分	4			
			$Ra1.6$ μm	每降 1 级扣 1 分	3			
9		$\phi30$ mm		超差不得分	3			
10		23 mm		超差不得分	4			
11		$\phi25$ mm		超差不得分	3			
12		$\phi20$ mm		超差不得分	3			
13		45 mm		超差不得分	3			
14		7 mm		超差不得分	3			
15		5 mm		超差不得分	3			

序号	考核项目	考核内容及要求		评分标准	配分	检测结果	得分	备注
16	螺纹套	$\phi46$ mm±0.05 mm	IT	每超差 0.01 mm 扣 1 分	3			
17			Ra1.6 μm	每降 1 级扣 1 分	3			
18		$\phi33$ mm		超差不得分	3			
19		M27×1.5-6H		超差不得分	3			
20		44 mm±0.05 mm		每超差 0.01 mm 扣 1 分	3			
21		40 mm		每超差 0.01 mm 扣 1 分	3			
22		倒角		错、漏不得分	3			
23	配合	螺纹配合		超差不得分	5			
24	机床操作	开机及系统复位		出现错误不得分	3			
		装夹工件		出现错误不得分	3			
		输入及修改程序		出现错误不得分	4			
		正确设定对刀点		出现错误不得分	3			
		正确设置刀补		出现错误不得分	4			

2. 小组互评

组内检测完成，各小组交叉检测，填写检测报告，如表 7-8 所示。

表 7-8　螺纹配合件的检测报告

零件名称		加工小组	
零件检测人		检测时间	
零件检测概况			
存在问题		完成时间	
检测结果	主观评价	零件质量	材料移交

3. 展示评价

各组展示作品，介绍任务完成过程、零件加工过程视频、零件检测结果、技术文档并提交汇报材料，进行小组自评、组间互评、教师评价，完成考核评价表，如表 7-9 所示。

表 7-9　考核评价表

评价项目	序号	技术要求	配分	评分标准	自评 30%	互评 30%	师评 40%	得分
专业能力 (60分)	1	程序正确完整	10	不规范每处扣1分				
	2	切削用量合理	5	每错一处扣1分				
	3	工艺过程规范合理	5	不合理每处扣1分				
	4	刀具选择正确	5	不正确每处扣1分				
	5	对刀及坐标系设定正确	10	不正确每处扣1分				
	6	机床操作规范	5	不规范每处扣1分				
	7	尺寸精度符合要求	10	不合格每处扣1分				
	8	表面粗糙度及形位公差符合要求	10	不合格每处扣1分				
职业素养 (30分)	1	分工合理，制订计划能力强，严谨认真	5	根据学员的学习情况、表达沟通能力、合作能力和创新能力综合给分				
	2	安全文明生产，规范操作、爱岗敬业、责任意识	5					
	3	团队合作、交流沟通、互相协作、分享能力	5					
	4	遵守行业规范、企业标准	5					
	5	主动性强，保质保量完成工作任务	5					
	6	采取多样化手段收集信息、解决问题	5					
创新意识 (10分)	1	创新性思维和行动	10					

任务复盘

1. 螺纹配合件编程与加工项目基本过程

本项目需要经过四个阶段：

1）数控加工工艺分析

（1）确定加工内容：零件的端面、外圆、切槽、切螺纹、切断。

（2）毛坯的选择：确定毛坯的直径和长度。

（3）机床选择：确定机床的型号。

（4）确定装夹方案和定位基准：三爪自定心液压卡盘。

（5）确定加工工序。

螺纹轴：先切螺纹轴的左端外圆，然后切螺纹轴左端的内圆，掉头后再切螺纹轴的右端外圆。

螺纹套：先切螺纹套的内圆，然后再切螺纹套的外圆。

每次装夹都是以右端面与中心轴线的交点作为工件坐标系的原点。

（6）选择刀具及切削用量。

确定刀具几何参数及切削参数，填写数控加工刀具卡片，如表7-10所示。

表7-10　数控加工刀具卡片

工步	工步内容	刀具号	刀具类型	主轴转速 $S/(\mathrm{r \cdot min^{-1}})$	进给量 $f/(\mathrm{mm \cdot r^{-1}})$	背吃刀量 a_p/mm

（7）结合零件加工工序安排和切削参数，填写工艺卡片，如表7-11所示。

表7-11　螺纹配合件加工工艺卡片

材料		零件图号		零件名称		工序号	
程序名		机床设备			夹具名称		
工步号	工步内容（走刀路线）		G功能	T刀具	切削用量		
					转速 n $/(\mathrm{r \cdot min^{-1}})$	进给量 f $/(\mathrm{mm \cdot r^{-1}})$	背吃刀量 a_p/mm

2）数控加工程序编制

根据外轮廓上各连接几何要素的形状，确定直线插补指令_____，圆弧插补指令_____，外圆粗切复合循环切削指令_____，精加工指令_____，切槽指令_____，切螺纹指令_____，切断指令_____，编制出螺纹配合件的加工程序。

3）数控加工

确定数控机床加工零件的步骤：输入数控加工程序→验证加工程序→查看加工走刀路线→零件加工对刀操作（多把刀设置刀具半径补偿）→零件加工。

程序输入的模式：_____

程序验证的模式：_____

多把刀对刀步骤：_____

_____

_____

零件加工的模式：_____

4）零件检测

工、量、检具的选择和使用。

_____

2. 总结归纳

通过螺纹配合件编程与加工项目设计和实施，对所学、所获进行归纳总结。

_____

_____

3. 存在问题/解决方案/优化可行性

_____

_____

 拓展提高

1. 编程与车削

完成图 7-3 所示螺纹配合件的编程与车削加工，材料 45 钢，生产规模为单件。

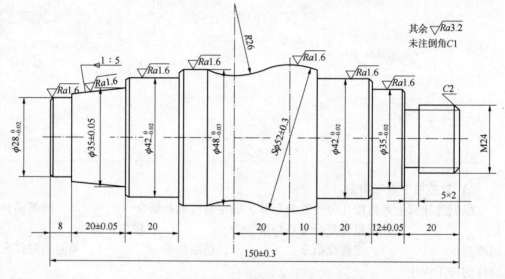

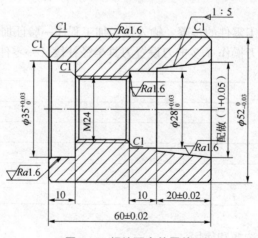

图 7-3　螺纹配合件零件

2. 任务分析

_____

_____

_____

_____

3. 任务决策

（1）毛坯尺寸。

（2）机床、夹具、刀具的选择。

（3）加工工序安排。

（4）走刀路线的确定。

（5）切削用量的选择。

（6）填写工艺卡片，如表 7–12 所示。

表 7–12　工艺卡片

材料		零件图号	7–3	零件名称		工序号	
程序名		机床设备		夹具名称			
工步号	工步内容 （走刀路线）	G 功能	T 刀具	切削用量			
				转速 n $/(\mathrm{r \cdot min^{-1}})$	进给量 f $/(\mathrm{mm \cdot r^{-1}})$	背吃刀量 $a_{\mathrm{p}}/\mathrm{mm}$	

4. 任务实施

1）编制加工程序

_____

_____

_____

_____

2）零件加工步骤

_____

_____

_____

_____

3）零件检测

按表 7–13 内容进行小组零件检测。

表 7-13 小组检测评分表

序号	考核项目	考核内容及要求		评分标准	配分	检测结果	得分	备注
1	螺纹轴	M24		超差不得分	3			
2		R26		超差不得分	2			
3		倒角		错、漏1处扣1分	5			
4		150 mm±0.3 mm		每超差0.1 mm扣1分	2			
5		$\phi 42_{-0.02}^{0}$ mm	IT	每超差0.01 mm扣1分	3			
6			Ra1.6 μm	每降1级扣1分	2			
7		$\phi 48_{-0.03}^{0}$ mm	IT	每超差0.01 mm扣1分	3			
			Ra1.6 μm	每降1级扣1分	2			
8		$\phi 35_{-0.02}^{0}$ mm	IT	每超差0.01 mm扣1分	3			
			Ra1.6 μm	每降1级扣1分	2			
9		$\phi 28_{-0.02}^{0}$ mm	IT	每超差0.01 mm扣1分	3			
10			Ra1.6 μm	每降1级扣1分	2			
11		$\phi 35$ mm±0.05 mm		超差不得分	2			
12		20 mm±0.05 mm		超差不得分	4			
13		12 mm±0.05 mm		超差不得分	2			
14		$S\phi 52$ mm±0.3 mm		超差不得分	2			
15		20 mm		超差不得分	4			
16		10 mm		超差不得分	1			
17		8 mm		超差不得分	1			
18		5 mm×2 mm 槽		超差不得分	2			
19	螺纹套	$\phi 35_{0}^{+0.03}$ mm	IT	每超差0.01 mm扣1分	3			
20			Ra1.6 μm	每降1级扣1分	2			
21		$\phi 52_{-0.03}^{0}$	IT	每超差0.01 mm扣1分	3			
22			Ra1.6 μm	每降1级扣1分	2			
23		$\phi 28_{0}^{+0.03}$	IT	每超差0.01 mm扣1分	3			
24			Ra1.6 μm	每降1级扣1分	2			
25		M24		超差不得分	2			
26		20 mm±0.02 mm		超差不得分	2			
27		60 mm±0.02 mm		每超差0.01 mm扣1分	2			
28		10 mm		每超差0.01 mm扣1分	2			
29		锥度1:5		超差不得分	2			
30		倒角 C1		错、漏不得分	5			
31	配合	螺纹配合		超差不得分	5			

序号	考核项目	考核内容及要求	评分标准	配分	检测结果	得分	备注
32	机床操作	开机及系统复位	出现错误不得分	2			
		装夹工件	出现错误不得分	2			
		输入及修改程序	出现错误不得分	4			
		正确设定对刀点	出现错误不得分	3			
		正确设置刀补	出现错误不得分	4			

通过小组自评、组间互评和教师评价，完成考核评价表7-14。

表7-14 考核评价表

评价项目	序号	技术要求	配分	评分标准	自评30%	互评30%	师评40%	得分
专业能力（60分）	1	程序正确完整	10	不规范每处扣1分				
	2	切削用量合理	5	每错一处扣1分				
	3	工艺过程规范合理	5	不合理每处扣1分				
	4	刀具选择正确	5	不正确每处扣1分				
	5	对刀及坐标系设定正确	10	不正确每处扣1分				
	6	机床操作规范	5	不规范每处扣1分				
	7	尺寸精度符合要求	10	不合格每处扣1分				
	8	表面粗糙度及形位公差符合要求	10	不合格每处扣1分				
职业素养（30分）	1	分工合理，制订计划能力强，严谨认真	5	根据学员的学习情况、表达沟通能力、合作能力和创新能力综合给分				
	2	安全文明生产，规范操作、爱岗敬业、责任意识	5					
	3	团队合作、交流沟通、互相协作、分享能力	5					
	4	遵守行业规范、企业标准	5					
	5	主动性强，保质保量完成工作任务	5					
	6	采取多样化手段收集信息、解决问题	5					
创新意识（10分）	1	创新性思维和行动	10					

5. 任务总结

从以下几方面进行总结与反思：

（1）对工件尺寸精度和表面质量进行评价，找出尺寸超差或表面质量缺陷的原因，提出改进方法。

（2）对工艺合理性、加工效率、刀具寿命等方面进行评价，进一步优化切削参数。

（3）对整个加工过程中出现的违反 5S 管理、安全文明生产等操作进行反思。

自我评估与总结：

_____

_____

知识链接

　　配合件加工时，因为要考虑配合精度及加工效率，工步顺序和工序顺序的安排非常重要，要在保证加工精度和配合精度的基础上，减少工件安装次数。内外螺纹的配合，在加工螺纹底径时公差要严格控制，以保证螺纹配合间隙合理。螺纹是在圆柱工件表面上沿着螺旋线所形成的，具有相同剖面的连续凸起和沟槽。在机械制造业中，带螺纹的零件应用十分广泛。用车削的方法加工螺纹，是目前常用的加工方法。在卧式车床（如 CA6140）上能车削米制、英制、模数和径节制四种标准螺纹，无论车削哪一种螺纹，车床主轴与刀具之间必须保持严格的运动关系：即主轴每转一转（即工件转一转），刀具应均匀地移动一个（工件的）导程的距离。它们的运动关系是这样保证的：主轴带着工件一起转动，主轴的运动经挂轮传到进给箱；由进给箱经变速后（主要是为了获得各种螺距）再传给丝杠；由丝杠和溜板箱上的开合螺母配合带动刀架做直线移动，这样工件的转动和刀具的移动都是通过主轴的带动来实现的，从而保证了工件和刀具之间严格的运动关系。在实际车削螺纹时，由于各种原因造成由主轴到刀具之间的运动，在某一环节出现问题引起车削螺纹时产生故障，影响正常生产，这时应及时加以解决。

　　车削螺纹时常见故障及解决方法如下：

1. 啃刀

1）车刀安装得过高或过低

　　故障分析：过高，则吃刀到一定深度时，车刀的后刀面顶住工件，增大摩擦力，甚至把工件顶弯，造成啃刀现象；过低，则切屑不易排出，车刀径向力的方向是工件中心，加上横进丝杠与螺母间隙过大，致使吃刀深度不断自动趋向加深，从而把工件抬起，出现啃刀。

　　解决方法：应及时调整车刀高度，使其刀尖与工件的轴线等高（可利用尾座顶尖对刀）。在粗车和半精车时，刀尖位置比工件的中心高出 $0.01D$ 左右（D 表示被加工工件直径）。

2）工件装夹不牢

　　故障分析：工件本身的刚性不能承受车削时的切削力，因而产生过大的挠度，改变了车刀与工件的中心高度（工件被抬高了），形成切削深度突增，出现啃刀。

　　解决方法：应把工件装夹牢固，可使用尾座顶尖等以增加工件刚性。

3）车刀磨损过大

故障分析：引起切削力增大，顶弯工件，出现啃刀。

解决方法：对车刀加以修磨。

2. 乱扣

1）当车床丝杠螺距与工件螺距比值不成整倍数时

故障分析：如果在退刀时，打开开合螺母将床鞍摇至起始位置，那么，再次闭合开合螺母时，就会发生车刀刀尖不在前一刀所车出的螺旋槽内，以致出现乱扣。

解决方法：采用正反车法来退刀，即在第一次行程结束时，不提起开合螺母，把刀沿径向退出后，将主轴反转使车刀沿纵向退回，再进行第二次行程，这样往复过程中，因主轴、丝杠和刀架之间的传动没有分离过，车刀始终在原来的螺旋槽中，就不会出现乱扣。

2）对于车削车床丝杠螺距与工件螺距比值成整倍数的螺纹

故障分析：工件和丝杠都在旋转，提起开合螺母后，至少要等丝杠转过一转，才能重新合上开合螺母，这样当丝杠转过一转时，工件转了整数倍，车刀就能进入前一刀车出的螺旋槽内，就不会出现乱扣，可以打开开合螺母，手动退刀。这样退刀快，有利于提高生产率和保持丝杠精度，同时丝杠也较安全。

3. 螺距不正确

1）螺纹全长上不正确

故障分析：挂轮搭配不当或进给箱手柄位置不对。

解决方法：可重新检查进给箱手柄位置或验算挂轮。

2）局部不正确

故障分析：由于车床丝杠本身的螺距局部误差（一般由磨损引起）。

解决方法：更换丝杠或局部修复。

3）螺纹全长上螺距不均匀

故障分析：丝杠的轴向窜动；主轴的轴向窜动；溜板箱的开合螺母与丝杠不同轴而造成啮合不良；溜板箱燕尾导轨磨损而造成开合螺母闭合时不稳定；挂轮间隙过大等。

解决方法：（1）如果是丝杠轴向窜动造成的，可对车床丝杠与进给箱连接处的调整圆螺母进行调整，以消除连接处推力球轴承轴向间隙。

（2）如果是主轴轴向窜动引起的，可调整主轴后调整螺母，以消除后推力球轴承的轴向间隙。

（3）如果是溜板箱的开合螺母与丝杠不同轴而造成啮合不良引起的，可修整开合螺母并调整开合螺母间隙。

（4）如果是燕尾导轨磨损，可配制燕尾导轨及镶条，以达到正确的配合要求。

（5）如果是挂轮间隙过大，可重新调整挂轮间隙。

4）出现竹节纹

故障分析：从主轴到丝杠之间的齿轮传动由周期性误差引起的，如挂轮箱内的齿轮、进给箱内齿轮由于本身制造误差、或局部磨损、或齿轮在轴上安装偏心等造成旋转中心低，从而引起丝杠旋转周期性不均匀，带动刀具移动的周期性不均匀，导致竹节纹的出现。

解决方法：更换有误差或磨损的齿轮。

4. 中径不正确

故障分析：吃刀太大，刻度盘不准，而又未及时测量所造成。

解决方法：精车时要详细检查刻度盘是否松动，精车余量要适当，车刀刃口要锋利，要及时测量。

5. 螺纹表面粗糙

故障分析：车刀刃口磨得不光洁，切削液不适当，切削速度和工件材料不适合以及切削过程产生振动等造成。

解决方法是：正确修整砂轮或用油石精研刀具；选择适当切削速度和切削液；调整车床床鞍压板及中、小滑板燕尾导轨的镶条等，保证各导轨间隙的准确性，防止切削时产生振动。

总之，车削螺纹时产生的故障形式多种多样，既有设备的原因，也有刀具、操作者等的原因，在排除故障时要具体情况具体分析，通过各种检测和诊断手段，找出具体的影响因素，采取有效的解决方法。

数控车床螺纹切削方法分析与应用：

在目前的数控车床中，螺纹切削一般有两种加工方法：G32 直进式切削方法和 G76 斜进式切削方法，由于切削方法的不同，编程方法不同，造成加工误差也不同。我们在操作使用上要仔细分析，争取加工出精度高的零件。

同时，螺纹配合件在其他表面的配合精度要求比较高，特别是 2 个圆锥面的配合要求较高，要求两圆锥面涂色检查贴合度大于65%。加工后常发现两零件圆锥面的贴合度达不到配合要求，主要原因是由于刀尖安装高度出现误差造成的。

在数控车床加工圆弧或曲面类零件时，车刀刀尖安装高度对圆弧或曲面形状和精度会产生很大的影响。对圆锥轮廓度有较高要求或圆锥有配合要求的零件，必须重新调整刀尖的高度位置，使车刀刀尖安装高度与零件的回转中心接近一致。

【螺纹配合件编程与加工案例教学视频】

螺纹配合件的数控工艺分析　　　　　螺纹配合件的数控编程

职业技能鉴定理论试题

一、单项选择题

1. 下列不属于先进制造工艺所具有的显著特点的是（　　　）。

A. 优质　　　　　B. 能耗大　　　　　C. 洁净　　　　　D. 灵活

2. 计算机辅助制造是指（　　）。

A. 计算机在机械制造方面的应用

B. 计算机在机械产品设计方面的应用

C. 计算机在多品种、小批量生产方面的应用

D. 计算机在产品制造方面有关应用的统称

3. 精加工时，切削用量的选择原则（　　），最后在保证刀具耐用度的前提下，尽可能选择较高的切削速度 v_c。

A. 首先根据粗加工后余量确定 a_p，其次根据粗糙度要求选择较小的 f

B. 首行选择尽可能小 a_p，其次选择较大的 f

C. 首行选择尽可能大 a_p，其次选择较大的 f

D. 首行选择尽可能小 a_p，其次选择较小的 f

4. 联动轴数是指（　　）。

A. 数控机床的进给驱动系统

B. 数控机床的进给轴和主轴总数

C. 能同时参与插补运算的轴数

5. 装配图中的尺寸 $\phi30$ H9/f9 属于（　　）。

A. 装配尺寸　　　　B. 安装尺寸　　　　C. 性能（规格尺寸)D. 总体尺寸

6. 装配图中的传动带用（　　）画出。

A. 实线　　　　B. 虚线　　　　C. 网格线　　　　D. 粗点画线

7. 装配时用来确定零件在部件中或部件在产品中的位置所使用的基准为（　　）。

A. 定位基准　　　B. 测量基准　　　C. 装配基准　　　D. 工艺基准

8. 螺纹的公称直径是指（　　）。

A. 螺纹的小径　　　　　　　　B. 螺纹的中径

C. 螺纹的大径　　　　　　　　D. 螺纹的分度圆直径

9. 外圈形状简单、内孔形状复杂的工件，应选择（　　）作刀具基准。

A. 外圆　　　　　　　　　　　B. 内孔

C. 外圆或内孔均可　　　　　　D. 其他

10. 在公差带图中，一般取靠近零线的那个偏差为（　　）。

A. 上偏差　　　B. 下偏差　　　C. 基本偏差　　　D. 配合制

模块三　方程曲面类零件编程与加工

回转体类方程曲面零件一般由数控车床加工。构成零件的几何因素有点、直线、圆弧，复杂轮廓可能会有多种二次非圆曲线（椭圆、抛物线、双曲线），以及一些渐开线（常用于齿轮及凸轮等），所有这些都是基于三角函数、解析几何的应用，而数学上都可以用数学表达式及参数方程加以表述。一般数控指令代码是由系统厂家开发，使用者只需按照规定编程即可，但这些指令满足不了用户的需要，系统因此提供了用户宏程序的功能来解决这类零件的加工编程，使用户可以对数控系统进行一定的功能扩展。用户利用数控系统提供的工具，在数控系统的平台上进行二次开发。因此宏程序具有广泛的应用空间，可以发挥其强大的作用。

【学习目标】

1. 掌握宏程序的概念。
2. 掌握宏程序的调用方式。
3. 掌握变量的含义。
4. 掌握变量在编程中的应用。
5. 掌握宏程序的循环语句的综合应用。
6. 掌握方程曲面零件加工时刀具选择知识。
7. 掌握方程曲面零件加工时夹具选择知识。

【技能目标】

1. 能分析零件图纸，制定方程曲面零件的加工工艺方案。
2. 能根据零件加工要求，查阅相关资料，正确、合理选用刀具、量具、工具、夹具。
3. 能用变量进行方程曲面各参数的计算。
4. 能用外圆、内圆编程指令结合宏程序变量进行综合编程。
5. 能选择合适的夹具，正确装夹零件。
6. 能独立操作数控车床，完成套类零件的加工并控制零件质量。

【素养目标】

1. 养成严格执行与职业活动相关的，保证工作安全和防止意外发生的规章制度的素养。
2. 养成认真细致分析、解决问题的素养。

3. 养成诚实守信、认真负责的工匠品质，树立产品质量意识。

4. 能与他人进行有效的交流和沟通，具备较强的团队协作精神。

【学习导航】

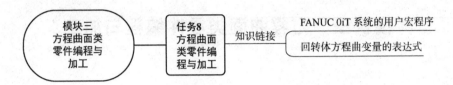

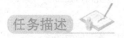

  任务 8 方程曲面类零件编程与加工

任务描述

本项目要求在 FUNAC 0iT 系统的数控车床上加工如图 8-1 所示的椭圆轴。对椭圆轴进行工艺分析，编制零件的加工程序，利用数控车床加工、检测椭圆轴的尺寸和精度、质量分析等内容，工作过程进行详解。

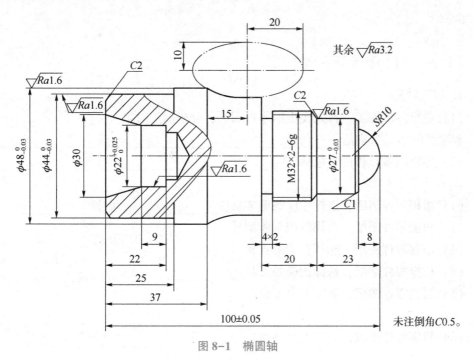

图 8-1 椭圆轴

任务分组

【团队合作、协调分工；共同讨论、分析任务】

将班级学生分组，4 人或 5 人为一组，由轮值安排生成组长，使每个人都有培养组织协调和管理能力的机会。每人都有明确的任务分工，4 人分别代表项目组长、工艺设计工程师、数控车技师、产品验收工程师，模拟椭圆轴项目实施过程，培养团队合作、互帮互助精神和协同攻关能力。项目分组如表 8-1 所示。

表 8-1　项目分组

项目组长		组名		指导教师	
团队成员	学号	角色指派		备注	
		项目组长		统筹计划、进度、安排和团队成员协调，解决疑难问题	
		工艺设计工程师		进行椭圆轴加工的工艺分析，确定工艺方案，编制加工程序	
		数控车技师		进行数控车床操作，加工椭圆轴的调试	
		产品验收工程师		根据任务书、评价表对项目功能、组员表现进行打分评价	

任务分析

【计划先行，谋定而后动】

1. 加工对象

（1）进行零件加工，首先要根据零件图纸，分析加工对象。

本项目的加工对象是 _____

（2）零件图纸分析内容包括 _____

2. 加工工艺内容

（1）根据零件图纸，选择相应的毛坯材质 _____ 、尺寸 _____

（2）根据零件图纸，选择数控车床型号 _____

（3）根据零件图纸，选择正确的夹具 _____

（4）根据零件图纸，选择正确的刀具 _____

（5）根据零件图纸，确定工序安排 _____

_____

（6）根据零件图纸，确定走刀路线 _____

_____

（7）根据零件图纸，确定切削参数 _____

3. 编程指令

椭圆轴加工需要的功能指令有 _____

零件加工程序的编制格式 _____

4. 零件加工

（1）零件加工的工件原点取在哪个位置？

_____

（2）零件的装夹方式 _____

（3）加工程序的调试操作步骤：

_____

5. 零件检测

（1）零件检测使用的量具和检具：_____

（2）零件检测的标准有哪些？

_____

任务决策

1. 加工对象

在数控车削加工中，零件车削加工成形轮廓的结构形状较复杂，零件的尺寸精度和轨迹精度要求高，零件的总体结构主要包括圆柱面、内孔、内圆锥面、圆弧面、沟槽和螺纹、非圆曲面等。

椭圆轴零件在加工中，重要的径向加工部位有 $\phi44_{-0.03}^{0}$ mm 圆柱段（表面粗糙度 $Ra = 1.6$ μm）、$\phi48_{-0.03}^{0}$ mm 圆柱段（表面粗糙度 $Ra = 1.6$ μm）、$\phi27_{-0.03}^{0}$ mm 圆柱段（表面粗糙度 $Ra = 1.6$ μm）、右端 $SR10$ mm 的球面、长半轴为 20 mm 短半轴为 10 mm 的椭圆面、$\phi22_{0}^{+0.025}$ mm 内孔（$Ra = 1.6$ μm）、M32×2-6g 三角形外螺纹，其余表面粗糙度均为 $Ra3.2$ μm。零件重要的轴向加工部位为内孔部分以及椭圆面，零件的其他轴向加工部位也应根据尺寸精度进行加工。

2. 零件加工工艺分析

1）毛坯的选择

零件材料为 45 钢，毛坯规格为 $\phi50$ mm×100 mm。

2）机床选择

考虑产品的精度要求，选用 CKY400B 型号的数控车床。

3）确定装夹方案和定位基准

使用三爪自定心卡盘夹持零件的毛坯外圆，确定零件伸出合适的长度（应将机床的限位距离考虑进去）。零件需要加工两端，因此需要考虑两次装夹的位置，考虑到左端 $\phi44$ mm×25 mm 的台阶可以用来装夹，因此先加工左端，然后调头夹住 $\phi44$ mm×25 mm 的台阶加工右端。

零件的定位基准选择：加工左端时选择在毛坯外圆柱段的右端外圆表面，加工右端时选择在 $\phi44_{-0.03}^{0}$ mm 外圆柱段的表面，以体现定位基准是轴的中心线。

零件原点设在零件的右端面，为防止换刀时刀具与零件或尾座相碰，换刀点可以设置在（$X100$，$Z100$）的位置。零件材料的毛坯尺寸为 $\phi50$ mm×100 mm，为减少循环加工的次数，循环的起刀点可以设置在（$X51$，$Z2$）的位置。

4）确定加工顺序及进给路线

（1）夹紧零件毛坯，伸出卡盘 50 mm，加工左端。

（2）钻孔 $\phi20$ mm，深度约为 25 mm。

（3）粗、精加工内孔至要求尺寸。

（4）粗车零件左端外轮廓。

（5）精车零件左端外轮廓，利用外径千分尺保证尺寸精度要求。

（6）调头装夹，使用铜皮夹紧 $\phi44$ mm×25 mm 外圆，校正，加工右端。

（7）粗车零件的右端外轮廓。

（8）精车零件的右端外轮廓，利用外径千分尺保证尺寸精度要求。

（9）切槽 4 mm×2 mm 至要求尺寸。

（10）车削零件的 M32×2 三角形螺纹，利用螺纹千分尺或螺纹环规保证精度要求。

（11）检测、校核。

5）选择刀具及切削用量

刀具及切削参数如表 8-2 所示。

表 8-2　刀具及切削参数

零件名称		椭圆轴		零件图号			
序号	刀具号	刀具名称及规格	刀尖半径 R	刀尖位置 T	数量	加工表面	备注
1		中心钻			1	左端面	手动
2		ϕ20 mm 钻头			1	钻孔	手动
3	T0101	镗孔刀	0.1 mm	3 mm	1	镗孔	
4	T0202	35°右偏外圆车刀	0.2 mm	2 mm	1	粗、精车外轮廓	
5	T0303	切槽刀	$b=4$ mm		1	切槽	左刀尖
6	T0404	60°外螺纹车刀	0.2 mm	0	1	三角形螺纹	

6）切削参数的确定

查询机械设计手册，根据 45 钢毛坯材料使用硬质合金钢的刀具，椭圆轴零件在粗加工切削速度选择为 120 m/min，精加工切削速度为 140 m/min。

通过计算，确定加工时的主轴转速，与进给量和背吃刀量共同填入表 8-3 工艺卡片。

表 8-3　工艺卡片

材料	45 钢	零件图号	8-1	系统	FANUC	工序号	
程序名		机床设备	数控车床	夹具名称	三爪自定心卡盘		
操作序号	工步内容（走刀路线）	G 功能	T 刀具	切削用量			
				转速 $S/(\text{r}\cdot\text{min}^{-1})$	进给量 $f/(\text{mm}\cdot\text{r}^{-1})$	背吃刀量 a_p/mm	
1	中心钻			1 200		3	
2	钻孔	G81		500		25	
3	粗车零件左端内轮廓	G71	T0101	600	0.2	1	
4	精车零件左端内轮廓	G70	T0101	1 000	0.1	0.5	
5	粗车零件左端外轮廓	G71	T0202	500	0.2	2	
6	精车零件左端外轮廓	G70	T0202	1 000	0.1	0.5	
7	粗车零件右端外轮廓	G73	T0202	500	0.2	2	
8	精车零件右端外轮廓	G70	T0202	1 000	0.1	0.5	
9	切 4 mm×2 mm 退刀槽	G01	T0202	350	0.05	2	
10	车削 M32×2 外螺纹	G92	T0303	800			
11	检测、校核						

3. 程序编制

1）设定编程原点

以工件右端面与主轴主线的交点为编程原点建立工件坐标系。

2）计算各基点位置坐标值

零件尺寸如图 8-2、图 8-3 所示。

（1）椭圆起始角度计算：

将 $x = AB = 5$ mm，$a = 20$ mm 代入 $x = a\cos\theta$（式中 a 为椭圆长轴），得椭圆起始角度为 $-75.522°$。

（2）椭圆起点坐标计算：

将 $b = 10$ mm、$\theta = -75.522°$ 代入 $y = b\sin\theta$（式中 b 为椭圆短轴），得到椭圆起点坐标为（$X41.864$，$Y-43$）。

（3）$R10$ mm 圆弧终点坐标计算。

将 $R = 10$ mm、$AB = 2$ mm 进行三角形的另一边计算，得到圆弧终点坐标为（$X19.6$，$Z-8$）。

（4）螺纹尺寸计算。

螺纹大径：$d = D = 31.85$ mm；

螺纹小径：$d_1 = D_1 = d - 1.082\,5P = (32 - 1.082\,5 \times 2)$ mm $= 29.835$ mm；

螺纹中径：$d_2 = D_2 = d - 0.649\,5P = (32 - 0.649\,5 \times 2)$ mm $= 30.701$ mm。

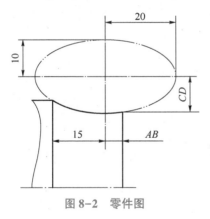

图 8-2　零件图　　　　　　　图 8-3　零件图

2）确定编程内容

（1）先平端面：在端面余量不大的情况下，一般采用自外向内的切削路线，注意刀尖中心与轴线等高，避免崩刀尖，要过轴线以免留下尖角。启用机床恒线速度功能保证端面表面质量。端面加工完成后刀具移动到粗车外圆第一刀的起点。

（2）外圆粗车：毛坯总余量有 10.5 mm，分 10 次走刀粗加工外圆轮廓和外倒角，每次走刀切削余量为 1.03 mm，留径向精车余量 0.2 mm。

（3）内圆粗车：毛坯内圆总余量有 5 mm，分 5 次走刀粗加工外圆轮廓和外倒角，前四次走刀切削余量为 1 mm，最后一次走刀余量为 0.8 mm，留径向精车余量 0.2 mm。

（4）切槽。使用外圆切槽刀进行 4 mm×2 mm 切槽。

（5）内圆精车：粗加工内圆的余量在精加工一次切削完成，且完成内倒角的切削。

（6）外圆精车：将外圆余量切削，精加工外圆轮廓。

（7）切断：精加工完成后切断工件。

3）编写数控加工程序

O8001;　　　　　　　　　　　　　　　　先加工左端

N10 G00 X100 Z100;

N20 T0101;

N30 M03 S800;

N40 G00 X18 Z2;

N50 G71 U1 R0.5;

N60 G71 P70 Q120 U-0.5 W0.1 F0.2;

N70 G00 X30;

N80 G01 Z0 F0.1;

N90 X25.2 Z-13;

N100 X22;

Nl10 Z-22;

N120 X20;

N130 G00 X100 Z100;

N160 M03 S1000;

N180 G70 P70 Q120;

N190 G00 X100 Z100;

N220 T0202;

N230 M03 S500;

N240 G00 X51 Z2;

N250 G71 U2 R0.5;

N260 G71 P270 Q330 U0.5 W0.1 F0.2;

N270 G00 X40;

N280 G01 Z0 F0.1;

N290 X44 Z-2;

N300 Z-25;

N310 X48;

N320 Z-38;

N330 X50;

N340 G00 X100 Z100;

N370 T0202;

N380 M03 S1000;

N390 G00 X51 Z2;

N400 G70 P270 Q330 F0.1;

N410 G00 X100 Z100;

N420 M30;

O8002:　　　　　　加工右端(调头夹住φ44 mm×25 mm的台阶,要求包铜皮)

N10 G00 X100 Z100;

N20 T0101;

N30 G00 X51 Z2;

N40 G73 U25 R25;

N50 G73 P60 Q220 U0. 5 W0. 1 F0. 2;

N60 G00 X0;

N70 G01 Z0 F0. 1;

N80 G03 X19. 6 Z-8 R10;

N90 G01 X25;

N100 X27 Z-9;

N110 Z-23;

N120 X27. 8;

N130 X31. 8 Z-25;

N140 Z-43;

N150 X41. 864;

N160 #101 = - 75. 522;

N170 #102 = 20 * SIN[#101] +61. 29;

N180 #103 = 20 * COS[#101] -48;

N190 G01 X[#102] Z[#103] F0. 1;

N200 #101 =#101 - 1;

N210 IF [#102 LE 48] GOTO 170;

N220 G01 X48 Z-63;

N230 G00 X100 Z100;

N260 T0101;

N270 M03 S1000;

N280 G00 X51 Z2;

N290 G70 P60 Q220;

N300 G00 X100 Z100;

N330 T0202;

N340 M03 S350;

N350 G00 Z-43;

N360 X33;

N370 G01 X28 F0. 05;

N380 G00 X100;

N390 Z100;

N420 T0303;

N430 M03 S400;

N440 G00 X33 Z-21;

N450 G92 X31. 5 Z-41 F2. 0;

N460 X30. 5;

N470 X30;

N480 X29. 835;

N500 G00 X100 Z100;

N510 M30;

1. 领用工具

椭圆轴零件数控车削加工所需的工、刀、量具如表8-4所示。

表8-4 椭圆轴零件数控车削加工所需的工、刀、量具

序号	名称	规　　格	数量	备注
1	游标卡尺	0~150 mm, 0.02 mm	1把	
2	外径千分尺	25~50 mm, 50~75 mm, 0.01 mm	各1把	
3	百分表	0~10 mm, 0.01 mm	1把	
4	内径千分尺	25~50 mm, 0.01 mm	1把	
5	环规	M32×2	1个	
6	外圆车刀	93°外圆车刀	1把	
7	切断刀	刀片厚度为3 mm	1把	
8	外螺纹刀	60°外螺纹刀	1把	
9	内圆车刀	刀杆直径 ϕ16 mm, 93°内圆车刀	1把	
10	材料	外径 ϕ65 mm、内径的 ϕ20 mm45 钢棒材	1根	
11	其他	铜棒、铜皮、毛刷等常用工具；计算机、计算器、编程用书等		选用

2. 零件的加工

（1）打开机床电源。

（2）检查机床运行正常。

（3）输入椭圆轴加工程序。

（4）程序录入后试运行，检查刀路路径正确。

（5）进行工、量、刀、夹具的准备。

（6）工件安装。

（7）装刀及对刀，建立工件坐标系，以毛坯内径中心轴线为基准。

（8）加工零件。

实际操作过程中遇到的问题和解决措施记录于表8-5中。

表8-5 遇到的问题及解决措施

遇到的问题	解决措施
程序是否正确输入数控系统	
程序验证时，图形界面是否显示正确的运行轨迹	
建立工件坐标系时，如何确定刀尖点	
多把刀对刀时，刀补建立的位置	

3. 关闭机床电源操作

拆卸工件、刀具、打扫机床并在机床工件台面上涂机油，完毕后关闭机床电源。

任务评价

1. 小组自查

小组加工完成后对零件进行去毛刺和尺寸的检测，零件检测的评分表如表 8-6 所示。【秉持诚实守信、认真负责的工作态度，强化质量意识，严格按图纸要求加工出合格产品，并如实填写检测结果】

表 8-6　椭圆轴的小组检测评分表

序号	考核项目	考核要求	配分	评分标准	检测结果	得分	备注
1	外圆	$\phi 48_{-0.03}^{0}$ mm $Ra = 1.6$ μm	5	形状与图样不符，每处扣 1 分			
		$\phi 44_{-0.03}^{0}$ mm $Ra = 1.6$ μm	5	形状与图样不符，每处扣 1 分			
		$\phi 27_{-0.03}^{0}$ mm $Ra = 1.6$ μm	5	形状与图样不符，每处扣 1 分			
		$\phi 22_{0}^{+0.025}$ mm $Ra = 1.6$ μm	5	超差 0.01 mm 扣 1 分			
2	螺纹	M32×2 大径 $Ra = 3.2$ μm	5	超差 0.01 mm 扣 3 分			
		M32×2 中径 $Ra = 3.2$ μm	5	超差 0.01 mm 扣 3 分			
		M32×2 牙型角	5	超差 0.01 mm 扣 2 分			
		M32×2 小径 $Ra = 3.2$ μm	5	超差 0.01 mm 扣 3 分			
3	沟槽	4 mm×2 mm $Ra = 3.2$ μm	4	超差 0.01 mm 扣 3 分			
4	球面	$SR10$ mm $Ra = 3.2$ μm	4	超差 0.01 mm 扣 3 分			
5	长度	20 mm	2	超差无分			
		23 mm	2	超差无分			
		22 mm	2	超差无分			
		25 mm	2	超差无分			
		37 mm	2	超差无分			
		100 mm±0.05 mm	2	超差无分			
6	椭圆	形状，$Ra = 3.2$ μm	4	不符无分，降级无分			

序号	考核项目	考核要求	配分	评分标准	检测结果	得分	备注
7	倒角	$2 \times C2$	2				
		$C1$	2				
		未注倒角 $C0.5$	2				
8	机床操作	开机及系统复位	5	出现错误不得分			
		装夹工件	5	出现错误不得分			
		输入及修改程序	8	出现错误不得分			
		正确设定对刀点	5	出现错误不得分			
		正确设置刀补	7	出现错误不得分			

2. 小组互评

组内检测完成，各小组交叉检测，填写检测报告，如表 8-7 所示。

表 8-7 椭圆轴的检测报告

零件名称		加工小组	
零件检测人		检测时间	
零件检测概况			
存在问题		完成时间	
检测结果	主观评价	零件质量	材料移交

3. 展示评价

各组展示作品，介绍任务完成过程、零件加工过程视频、零件检测结果、技术文档并提交汇报材料，进行小组自评、组间互评、教师评价，完成考核评价表，如表 8-8 所示。

表 8-8 考核评价表

评价项目	序号	技术要求	配分	评分标准	自评 30%	互评 30%	师评 40%	得分
专业能力 (60分)	1	程序正确完整	10	不规范每处扣 1 分				
	2	切削用量合理	5	每错一处扣 1 分				
	3	工艺过程规范合理	5	不合理每处扣 1 分				
	4	刀具选择正确	5	不正确每处扣 1 分				
	5	对刀及坐标系设定正确	10	不正确每处扣 1 分				
	6	机床操作规范	5	不规范每处扣 1 分				
	7	尺寸精度符合要求	10	不合格每处扣 1 分				
	8	表面粗糙度及形位公差符合要求	10	不合格每处扣 1 分				

评价项目	序号	技术要求	配分	评分标准	自评 30%	互评 30%	师评 40%	得分
职业素养 （30分）	1	分工合理，制订计划能力强，严谨认真	5	根据学员的学习情况、表达沟通能力、合作能力和创新能力综合给分				
	2	安全文明生产、规范操作、爱岗敬业、责任意识	5					
	3	团队合作、交流沟通、互相协作、分享能力	5					
	4	遵守行业规范、企业标准	5					
	5	主动性强，保质保量完成工作任务	5					
	6	采取多样化手段收集信息、解决问题	5					
创新意识 （10分）	1	创新性思维和行动	10					

任务复盘

1. 椭圆轴零件的编程与加工项目基本过程

本项目需要经过四个阶段：

1）数控加工工艺分析

（1）确定加工内容：零件的端和外圆轮廓、外圆切槽、内圆表面、倒角。

（2）毛坯的选择：确定毛坯的结构为管料，确定外径、内径以及长度。

（3）机床选择：确定机床的型号。

（4）确定装夹方案和定位基准。

（5）确定加工工序：以工件右端的中心点作为工件坐标系的原点，对椭圆轴进行外轮廓的粗精加工、外切槽的加工、切外螺纹以及内圆轮廓的加工。

（6）选择刀具及切削用量。

确定刀具几何参数及切削参数，填写数控加工刀具卡片，如表 8-9 所示。

表 8-9　数控加工刀具卡片

工步	工步内容	刀具号	刀具类型	主轴转速 $S/(\mathrm{r \cdot min^{-1}})$	进给量 $f/(\mathrm{mm \cdot r^{-1}})$	背吃刀量 a_p/mm

（7）结合零件加工工序安排和切削参数，填写工艺卡片，如表 8-10 所示。

表 8-10　工艺卡片

材料		零件图号		零件名称		工序号	
程序名		机床设备		夹具名称			
工步号	工步内容 （走刀路线）	G 功能	T 刀具	切削用量			
				转速 n $/(r \cdot min^{-1})$	进给量 f $/(mm \cdot r^{-1})$	背吃刀量 a_p/mm	

2）数控加工程序编制

（1）工件轮廓坐标点计算。

根据工件坐标系的工件原点，计算工件外轮廓上各连接点的坐标值。

（2）确定编程内容。

根据椭圆轴零件表面上各连接几何要素的形状，确定刀具的运动，轮廓粗加工循环指令_____，轮廓精加工循环指令_____，内圆轮廓加工指令_____，切槽加工指令_____，螺纹加工指令_____，椭圆部分编程函数_____，编制出零件的加工程序。

3）数控加工

确定数控机床加工零件的步骤：输入数控加工程序→验证加工程序→查看加工走刀路线→零件加工对刀操作→零件加工。

程序输入的模式：_____

程序验证的模式：_____

单把刀对刀步骤：_____

_____

多把刀对刀步骤：_____

_____

零件加工的模式：_____

4）零件检测

工、量、检具的选择和使用。

_____

2. 总结归纳

通过椭圆轴零件编程与加工项目设计和实施，对所学、所获进行归纳总结。

_____

_____

_____

3. 存在问题/解决方案/优化可行性

_____

_____

_____

_____

拓展提高

1. 编程与车削

完成图 8-4 所示回转体类方程曲面零件的编程与车削加工，材料 45 钢，生产规模为单件。

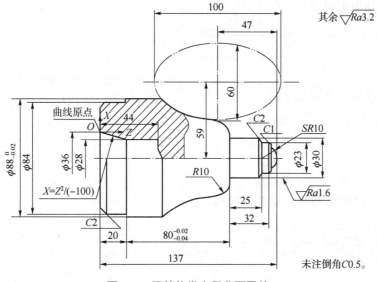

图 8-4　回转体类方程曲面零件

2. 任务分析

_____

_____

_____

_____

3. 任务决策

（1）确定毛坯尺寸。

（2）机床、夹具、刀具的选择。

（3）加工工序安排。

（4）走刀路线的确定。

（5）切削用量的选择。

（6）填写工艺卡片，如表 8-11 所示。

表 8-11 工艺卡片

材料		零件图号		零件名称		齿轮坯	工序号	
程序名		机床设备				夹具名称		
工步号	工步内容 (走刀路线)		G 功能	T 刀具	切削用量			
					转速 n /(r·min^{-1})	进给量 f /(mm·r^{-1})		背吃刀量 a_p/mm

4. 任务实施

1) 编制加工程序

_____

_____

_____

2) 零件加工步骤

_____

_____

_____

3) 零件检测

按表 8-12 内容进行小组零件检测。

表 8-12 小组检测评分表

序号	考核项目	考核要求	配分	评分标准	检测结果	得分	备注
1	外圆	$\phi 88_{-0.02}^{0}$ mm	5	形状与图样不符，每处扣 1 分			
		$\phi 84$ mm	5	形状与图样不符，每处扣 1 分			
		$\phi 23$ mm	5	形状与图样不符，每处扣 1 分			
		$\phi 30$ mm $Ra = 1.6$ μm	5	超差 0.01 mm 扣 1 分			
2	长度	20 mm	3	超差无分			
		25mm	3	超差无分			
		32 mm	3	超差无分			
		44 mm	3	超差无分			
		137 mm	3	超差无分			
		$80_{-0.04}^{-0.02}$ mm	5	超差无分			

序号	考核项目	考核要求	配分	评分标准	检测结果	得分	备注
3	椭圆	形状，$Ra = 3.2 \ \mu m$	10	不符无分，降级无分			
4	抛物线	形状，$Ra = 3.2 \ \mu m$	10	不符无分，降级无分			
5	倒角	$2 \times C2$	4				
		$C1$	3				
		未注倒角 $C0.5$	3				
6	机床操作	开机及系统复位	5	出现错误不得分			
		装夹工件	5	出现错误不得分			
		输入及修改程序	8	出现错误不得分			
		正确设定对刀点	5	出现错误不得分			
		正确设置刀补	7	出现错误不得分			

通过小组自评、组间互评和教师评价，完成考核评价表 8-13。

表 8-13　考核评价表

评价项目	序号	技术要求	配分	评分标准	自评 30%	互评 30%	师评 40%	得分
专业能力（60 分）	1	程序正确完整	10	不规范每处扣 1 分				
	2	切削用量合理	5	每错一处扣 1 分				
	3	工艺过程规范合理	5	不合理每处扣 1 分				
	4	刀具选择正确	5	不正确每处扣 1 分				
	5	对刀及坐标系设定正确	10	不正确每处扣 1 分				
	6	机床操作规范	5	不规范每处扣 1 分				
	7	尺寸精度符合要求	10	不合格每处扣 1 分				
	8	表面粗糙度及形位公差符合要求	10	不合格每处扣 1 分				
职业素养（30 分）	1	分工合理，制订计划能力强，严谨认真	5	根据学员的学习情况、表达沟通能力、合作能力和创新能力综合给分				
	2	安全文明生产，规范操作、爱岗敬业、责任意识	5					
	3	团队合作、交流沟通、互相协作、分享能力	5					
	4	遵守行业规范、企业标准	5					
	5	主动性强、保质保量完成工作任务	5					
	6	采取多样化手段收集信息、解决问题	5					
创新意识（10 分）	1	创新性思维和行动	10					

5. 任务总结

从以下几方面进行总结与反思：

（1）对工件尺寸精度和表面质量进行评价，找出尺寸超差或表面质量缺陷的原因，提出改进方法。

（2）对工艺合理性、加工效率、刀具寿命等方面进行评价，进一步优化切削参数。

（3）对整个加工过程中出现的违反 5S 管理、安全文明生产等操作进行反思。

自我评估与总结：

_____

_____

宏程序的概念

宏程序的调用

一、FANUC 0iT 系统的用户宏程序

FANUC 0iT 系统提供两种用户宏程序，即用户宏程序功能 A 和用户宏程序功能 B。用户宏程序功能 A 可以说是 FANUC 系统的标准配置功能，任何配置的 FANUC 系统都具备此功能，而用户宏程序功能 B 虽然不算是 FANUC 系统的标准配置功能，但是绝大部分的 FANUC 系统也都支持用户宏程序功能 B。

由于用户宏程序功能 A 的宏程序需要使用格式为 G65 Hm 的宏指令来表达各种数学运算和逻辑关系，极不直观，因而导致在实际工作中很少人使用它。所以，只对用户宏程序功能 A 做简单介绍，不进行深入讲述，将以用户宏程序功能 B 为重点深入介绍宏程序的相关知识。

宏程序的定义：由用户编写的专用程序，它类似于子程序，可用规定的指令作为代号，以便调用。宏程序的代号称为宏指令。

宏程序的特点：宏程序可使用变量，可用变量执行相应操作；实际变量值可由宏程序指令赋给变量。

1. 变量

普通加工程序直接用数值指定 G 代码和移动距离，例如 G01 和 X100.0。使用用户宏程序时，数值可以直接指定或用变量指定，当用变量时，变量值可用程序或用 MDI 设定或修改。

#11＝#22+123；

G01 X#11 F500；

1）变量的表示

变量需用变量符号"#"和后面的变量号指定，例如#11。

表达式可以用于指定变量号，这时表达式必须在括号中，例如#[#11+#12-123]。

2）变量的类型

变量从功能上可归纳为两种，即系统变量和用户变量。系统变量用于系统内部运算时各种数据的存储。用户变量包括局部变量和公共变量，用户可以单独使用，系统作为处理资料的一部分。FANUC 0iT 系统的变量类型如表 8-14 所示。

表 8-14　FANUC 0iT 系统的变量类型

变量名		类型	功能
#0		空变量	该变量总是空，没有值能赋予该变量
用户变量	#1～#33	局部变量	局部变量只能在宏程序中存储数据，例如运算结果。断电时，局部变量清除
	#100～#199 #500～#999	公共变量	公共变量在不同宏程序中的意义相同（即公共变量对于主程序和从这些主程序调用的每个宏程序来说是公共变量用的）。断电时，#100～#199 清除（初始化为空），通电时复位到 0。而#500～#999 数据即使在断电时也不清除
#1000 以上		系统变量	系统变量用于读和写 CNC 运行时各种数据变化，例如刀具当前位置和补偿值等

3）小数点的省略

当在程序中定义变量值时，整数值的小数点可以省略。例如：当定义#11＝123；变量#11 的实际值是 123.000。

4）变量的引用

在程序中使用变量值时，应指定其后变量号的地址。当用表达式指定变量时，必须把表达式放在括号中，例如：G01 X[#11+#22]F#3。

改变引用变量的值的符号，要把负号（-）放在#的前面，例如：G00 X-#11。当引用未定义的变量时，变量及地址都被忽略。例如：当变量#11 的值是 0，并且#22 的值是空时，G00 X#11 Y#22 的执行结果为 G00 X0。

注意：所谓"变量的值是0"与"变量的值是空"是两个完全不同的概念，可以这样理解："变量的值是0"相当于"变量的值等于0"，而"变量的值是空"则意味着"该变量所对应的地址根本就不存在，不生效"。

不能用变量代表的地址符有程序号0、顺序号N、任选程序段跳转号/。例如，以下情况不能使用变量：

O#11；/O#22 G00 X100.0；N#333 Y200.0；

另外，使用 ISO 代码编程时，可用"#"代码表示变量，若用 EIA 代码，则应用"&"代码代替"#"代码，因为 EIA 代码中没有"#"代码。

2. 系统变量

系统变量用于读和写 CNC 内部数据，例如刀具偏置值和当前位置数据。无论是用户宏程序功能 A 或用户宏程序功能 B，系统变量的用法都是固定的，而且某些系统变量为只读，用户必须严格按照规定使用。

系统变量是自动控制和通用加工程序开发的基础，在这里仅就与编程及操作相关性较大的系统变量加以介绍，如表 8-15 所示。

表 8-15　FANUC 0iT 系统变量

变量号	含义
#1000~#1015,#1032	接口输入变量
#1100~#1115,#1132,#1133	接口输出变量
#10001~#10400,#11001~#11400	刀具长度补偿值
#12001~#12400,#13001~#13400	刀具半径补偿值
#2001~#2400	刀具长度与半径补偿值（偏置数<200 时）
#3000	报警
#3001,#3002	时钟
#3003,#3004	循环运行控制
#3005	设定数据（SETTING 值）
#3006	停止和信息显示
#3007	镜像
#3011,#3012	日期和时间
#3901,#3902	零件数
#4001~#4120,#4130	模态信息
#5001~#5104	位置信息
#5201~#5324	工件坐标系补偿值（工件零点偏移值）
#7001~#7944	扩展工件坐标系补偿值（工件零点偏移值）

3. 算术和逻辑运算

表 8-16 中列出的运算可以在变量中运行。等式右边的表达式可包含常量或由函数或运算符组成的变量。表达式中的变量#j 和#k 可以用常量赋值。等式左边的变量也可以用表达式赋值。其中算术运算主要是指加、减、乘、除、函数等，逻辑运算可以理解为比较运算。

表 8-16　FANUC 0i 算术和逻辑运算一览表

功能		格式	备注
定义、置换		#i=#j	
算术运算	加法	#i=#i+#h	
	减法	#i=#-#k	
	乘法	#i=#j * #k	
	除法	#i=/#k	
	正弦	#i=SIN[#j]	三角函数及反三角函数的数值均以（°）为单位指定。如 90°30′应表示为 90.5°
	反正弦	#i=ASIN[#j]	
	余弦	#i=COS[#j]	
	反余弦	#i=ACOS[#j]	
	正切	#i=TAN[#j]	
	反正切	#i=ATAN[#j]	
	平方根	#i=SQRT[#j]	
	绝对值	#i=ABS[#j]	
	舍入	#i=ROUND[#j]	
	指数函数	#i=EXP[#j]	
	（自然）对数	#i=LN[#j]	
	上取数	#i=FIX[#j]	
	下取数	#i=FUP[#j]	
逻辑运算	与	#i=#j AND #k	
	或	#i=#j OR #k	
	异或	#i=#j XOR #k	
从 BCD 转为 BIN		#i=BIN[#j]	用于与 PMC 的信号交换
从 BIN 转为 BCD		#i=BCD[#j]	

以下是对部分算术和逻辑运算指令的详细说明。

1）上取数#i=FIX[#j]和下取数#i=FUP[#j]

CNC 处理数值运算时，无条件地舍去小数部分称为上取数，小数部分进位到整数称为下取整（注意与数学上的四舍五入对照）。对于负数的处理要特别小心。

例如：假设#1=1.2，#2=-1.2

①当执行#3=FUP[#1]时，2.0 赋予#3；

②当执行#3=FIX[#1]时，1.0 赋予#3；

③当执行#3=FUP[#2]时，-2.0 赋予#3；

④当执行#3=FIX[#2]时，-1.0 赋予#3。

2）混合运算时的运算顺序

上述运算和函数可以混合运算，即涉及运算的优先级，其运算顺序与一般数学上的定义基本一致，优先级顺序从高到低依次为函数运算→乘法和除法运算（ * 、/、AND）→加法和减法运算（+、-、OR、XOR）。例如：

#1=#2+#3* COS[#4]；

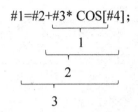

式中，1、2、3 表示运算顺序。

3）括号嵌套

用"[ ]"可以改变运算顺序，最里层的[ ]优先运算。括号[ ]最多可以嵌套 5 级（包括函数内部使用的括号）。当超出 5 级时，触发程序错误 P/S 报警 No.118。例如：

#6=COS[[[#5+#4] * #3+ #2] * #1]；（三重嵌套）

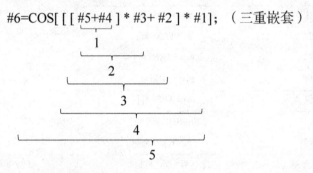

式中，1~5 表示运算顺序。

4）逻辑运算说明

FANIC 0iT 逻辑运算说明如表 8-17 所示。

表 8-17 FANIC 0iT 逻辑运算说明

运算符	功能	逻辑名	运算特点	运算实例
AND	与	逻辑乘	（相当于串联）有 0 得 0	1×1＝1, 1×0＝0, 0×0＝0
OR	或	逻辑加	（相当于并联）有 1 得 1	1+1＝1, 1+0＝1, 0+0＝0
XOR	异或	逻辑减	相同得 0，不同得 1	1-1＝0, 1-0＝1, 0-0＝0, 0-1＝1

（1）加减运算。

由于用户宏程序的变量值的精度仅有 8 位十进制数，当在加减运算处理非常大的数时，将得不到期望的结果。

例如：当试图把下面的值赋给变量#1 和#2 时，

#1＝9 876 543 277 777.777；

#2＝9 876 543 210 123.456。

变量值实际上已经变成：

#1＝9 876 543 300 000.000；

#2＝9 876 543 200 000.000。

此时，当编程计算"#3＝#1-#2"时，其结果#3 并不是期望值 67 654.321，而是#3＝100 000.000，显然误差较大，实际计算结果其实与此还稍有误差，因为系统是以二进制执行的。

（2）逻辑运算。

即使用条件表达式 EQ、NE、GT、GE、LT、LE 时，也可能造成误差，其情形与加减运算基本相同。

例如：IF［#I EQ #2］的运算会受到#1 和#2 的误差影响，并不总是能估算正确，要求两个值完全相同，有时不可能，由此会造成错误的判断，因此改用误差来限制比较稳妥，即用 IF［ABS［#1-#2］I. T 0.001］代替上述语句，以避免两个变量的误差。此时，当两个变量差值的绝对值未超过允许极限（此处为 0.001），就认为两个变量的值是相等的。

（3）三角函数运算。

在三角函数运算中会发生绝对误差，它不在 10^{-8} 之内，所以注意使用三角函数后的累积误差，由于三角函数在宏程序上，特别在极具数学代表性的参数方程表达上的应用非常广泛，因此必须对此保持应有的重视。

4. 赋值与变量

赋值是指将一个数据赋予一个变量。例如：#1＝0，则表示#1 的值是 0。其中#1 代表变量，"#"是变量符号（注意：根据数控系统的不同，它的表示方法可能有差别），0 就是给变量 1 赋的值。这里的"＝"是赋值符号，起语句定义作用。

赋值的规律有：

（1）赋值号"＝"两边内容不能随意互换，左边只能是变量，右边可以是表达式、数值或变量。

（2）一个赋值语句只能给一个变量赋值。

（3）可以多次给一个变量赋值，新变量值将取代原变量值（即最后赋的值生效）。

（4）赋值语句具有运算功能，它的一般形式为变量＝表达式。

在赋值运算中，表达式可以是变量自身与其他数据的运算结果，例如：#1＝#1+1，则表示#1 的值为#1+1，这一点与数学运算是有所不同的。

需要强调的是："#1＝#1+1"形式的表达式可以说是宏程序运行的"原动力"，任何宏程序几乎都离不开这种类型的赋值运算，而它偏偏与人们头脑中根深蒂固的数学上的等式概念严重偏离，因此对于初学者往往造成很大的困扰。但是，如果对计算机高级语言有一定了解的话，对此应该更易理解。

（5）赋值表达式的运算顺序与数学运算顺序相同。

（6）辅助功能（M 代码）的变量有最大值限制，例如，将 M30 赋值为 300 显然是不合理的。

5. 转移和循环

在程序中，使用 GOTO 语句和 IF 语句可以改变程序的流向。有三种转移和循环操作可供使用。

宏程序的循环语句

$$转移和循环 \begin{cases} GOTO语句 \rightarrow 无条件转移 \\ IF语句 \rightarrow 条件转移，格式为IF \cdots THEN \cdots \\ WHILE语句 \rightarrow 当 \cdots 时循环 \end{cases}$$

1）无条件转移（GOTO 语句）

转移（跳转）到标有顺序号 n（又称行号）的程序段。当指定 1～99 999 以外的

顺序号时，会触发 P/S 报警 No.128。其格式为

GOTO　n;　　n 为顺序号（1~99 999）

例如：GOTO　99，即转移至第 99 行。

2）条件转移（IF 语句）

（1）IF［<条件表达式>］GOTO　n。

表示如果指定的条件表达式满足时，则转移（跳转）到标有顺序号 n（即俗称的行号）的程序段。如果不满足指定的条件表达式，则顺序执行下个程序段。下例中如果变量#1 的值大于 100，则转移（跳转）到顺序号为 N99 的程序段。

如果条　┌──────　IF［#1 GT 100］GOTO　99;　　──────┐　如果

件不满足　└──────→　程序　　　　　　　　　　　　　　条件

N99 G00 G90 Z100;　←──────　满足

（2）IF<条件表达式>THEN。

如果指定的条件表达式满足时，则执行预先指定的宏程序语句，而且只执行一个宏程序语句。

IF［#1 EQ #2］THEN #3 = 10;如果#1 和#2 的值相同，10 赋值给#3。

说明：

条件表达式：条件表达式必须包括运算符。运算符插在两个变量中间或变量和常量中间，并且用"［　］"封闭。表达式可以替代变量。

运算符：运算符由两个字母组成（表 8-18），用于两个值的比较，以决定它们是相等还是一个值小于或大于另一个值。

表 8-18　运算符

运算符	含义	美义注释
EQ	等于（=）	equal
NE	不等于（≠）	not equal
GT	大于（>）	great than
GE	大于或等于（≥）	great than or equal
LT	小于（<）	less than
LE	小于或等于（≤）	less than or equal

例：计算数值 1~100 的累加总和。

O8000;

#1 = 0;　　　　　　　　　　　　　　存储和数变量的初值

#2 = 1;　　　　　　　　　　　　　　被加数变量的初值

N5 IF［#2 GT100］GOTO9;　　　　　　当被加数大于 100 时转移到 N9

#1 = #1+#2;　　　　　　　　　　　　计算和数

#2 = #2+1;　　　　　　　　　　　　下一个被加数

COTO 5；   转到 N5
N9 M30；   程序结束

3）循环（WHILE 语句）

在"WHILE"后指定一个条件表达式。当指定条件满足时，则执行从"DO"到"END"之间的程序。否则，转到"END"后的程序段。

"DO"后面的号是指定程序执行范围的标号，标号值为 1、2、3。如果使用了 1、2、3 以外的值，会触发 P/S 报警 No.126。

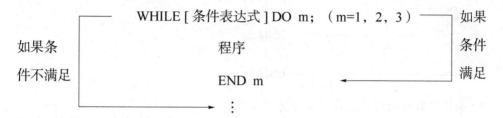

（1）嵌套。

在"DO"至"END"循环中的标号（1~3）可根据需要多次使用。但是需要注意的是，无论怎样多次使用，标号永远限制在 1、2、3。此外，当程序有交叉重复循环（DO 范围的重叠）时，会触发 P/S 报警 No.124。以下为关于嵌套的详细说明。

标号（1~3）可以根据需要多次使用。

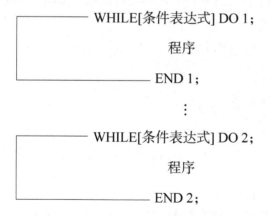

DO 的范围不能交叉。例如下面的表达是错误的。

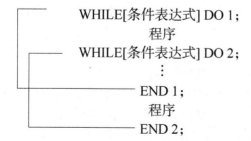

DO 循环可以 3 重嵌套。

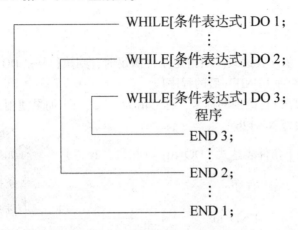

（条件）转移可以跳出循环的外边。

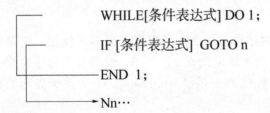

（条件）转移不能进入循环区内，注意（条件）转移是可以跳出循环外边的。例如下面的表达是错误的。

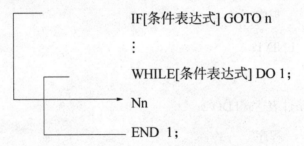

（2）关于循环（WHILE 语句）的其他说明。

DO m 和 END m 使用：DO m 和 END m 必须成对使用，而且 DO m 一定要在 END m 指令之前，用识别号 m 来识别。

无限循环：当指定 DO 而没有指定 WHILE 语句时，将产生从 DO 到 END 之间的无限循环。

未定义的变量：在使用 EQ 或 NE 的条件表达式中，值为空和值为零将会有不同的效果。而在其他形式的条件表达式中，空即被当作零。

条件转移（IF 语句）和循环（WHILE 语句）的关系：显而易见，从逻辑关系上说，两者不过是从正、反两个方面描述同一件事情；从实现的功能上说，两者具有相当程度的相互替代性；从具体的用法和使用的限制上说，条件转移（IF 语句）受到系统的限制相对更少，使用更灵活。

处理时间：当在 GOTO 语句（无论是无条件转移的 GOTO 语句，还是"IF…GO-TO"形式的条件转移 GOTO 语句）中有顺序号转移的语句时，系统将进行顺序号检索。一般来说数控系统执行反向检索的时间要比正向检索长，因为系统通常先正向检索到程序结束，再返回程序开头进行检索，所以花费的时间要多。因此，用 WHILE 语句实现循环可减少处理时间。

二、回转体方程曲面变量的表达式

1. 椭圆曲面变量的表达式

图 8-5 和图 8-6 所示为带椭圆曲面的回转体零件，在数控加工中，以 O 作为零点建立由 X 轴和 Z 轴组成的工件坐标系，在图中已知椭圆的圆心坐标为(x_0, z_0)，椭圆在 X 轴方向的半轴为 a，椭圆在 Z 轴方向的半轴为 b，椭圆的方程可以写为

$$\frac{(x-x_0)^2}{a^2} + \frac{(z-z_0)^2}{b^2} = 1$$

通常回转体类零件图纸标注尺寸为轴向和径向尺寸，根据对图纸上所标注尺寸的分析，当轴的尺寸 z 作为已知变量时，径向尺寸变量 x 的表达式为

$$x = x_0 \pm a\sqrt{1 - \frac{(z-z_0)^2}{b^2}}$$

当径向尺寸 x 作为已知变量时，轴向尺寸变量 z 的表达式为

$$z = z_0 \pm b\sqrt{1 - \frac{(x-x_0)^2}{a^2}}$$

上述两个表达式中的"±"可以用以下方法判断：以椭圆中心建立与工件坐标系相平等的坐标系，如果零件曲面是由 X、Z 轴正方向的椭圆轨迹形成的，则取"+"号；反之，则取"–"号。

当加工如图 8-5 所示带凸椭圆曲面的回转体时，$x = x_0 + a\sqrt{1 - \frac{(z-z_0)^2}{b^2}}$；当加工如

图 8-6 所示带凹椭圆曲面的回转体时，$x = x_0 - a\sqrt{1 - \frac{(z-z_0)^2}{b^2}}$。

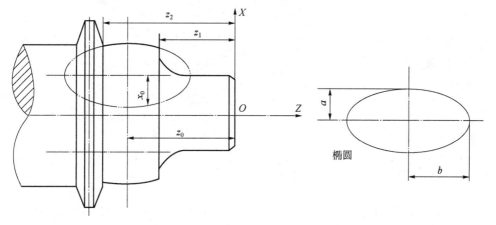

图 8-5　带凸椭圆曲面的回转体

举例：加工如图8-7所示凹椭圆曲面零件。

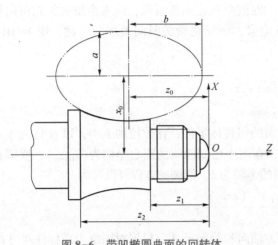

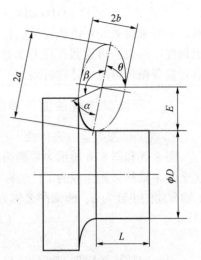

图 8-6 带凹椭圆曲面的回转体   图 8-7 凹椭圆曲面零件

1）凹椭圆曲面零件的变量和参数

凹椭圆曲面零件的变量和参数如表8-19所示。

表 8-19 凹椭圆曲面零件的变量和参数

自变量	参数	对应的局部变量
A	椭圆的长半轴/a	#1
B	椭圆的短半轴/b	#2
C	椭圆中心/z	#3
D	直径/d	#7
E	椭圆中心/x	#8
H	夹角/θ	#11
M	起始圆心角/β	#13
Q	中心角/γ	#17
F	进给速度/$(\mathrm{mm \cdot r^{-1}})$	#9
R	步距角	#18

2）凹椭圆加工程序

O9802

G01 X#7 Z#3 F#9;   到椭圆初始点

#100=#8+[#7/2];   椭圆中心的 X 坐标(半径)

#101=#13+#17;;   椭圆终止圆心角

#116=# 1/#2;

#117=TAN[#101];

#117=#117 * #116;

#101=ATAN[#117];   椭圆终止角

#118=TAN[#13];

196 ■ 数控加工编程（车削）

```
#119=#118*#116;
#120=ATAN[#119];                          椭圆初始角
#102=0;
WHILE[#102 LE #101]DO1;
#102=#13+#18;                             角度变化
#103=#1*COS[#102];
#104=#103+#3;
#105=#2*SIN[#102];
#106=#105+#100;                           求Z坐标
#107=#104*COSI[#11];
#108=#106*SIN[#11];
#109=#107-#108;
#110=#104*SINI#[11];
#111=#106*COS[#11];                       求X坐标(直径)
#112=#110+#111;
#113=2*#112;
G99 G01 X#113 Z#109 F#9;                  进给
#102=#13;
END 1;
M99;
```

2. 抛物面变量的表达式

图8-8和图8-9所示为开口向左的抛物面回转体零件，图中已知抛物面顶点的坐标为(x_0, z_0)，抛物线方程为$z-z_0=-(x-x_0)^2/k$，同样以z作为已知变量，则变量$x=x_0 \pm \sqrt{-k(z-z_0)}$。当加工如图8-8所示开口向左凸抛物面回转体时，变量$x=x_0+\sqrt{-k(z-z_0)}$；当加工图8-9所示开口向左凹抛物面回转体时，变量$x=x_0-\sqrt{-k(z-z_0)}$。

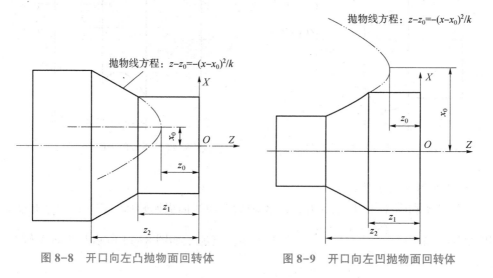

图8-8　开口向左凸抛物面回转体　　　图8-9　开口向左凹抛物面回转体

图8-10和图8-11所示为开口向右的抛物面回转体零件，图中已知抛物面顶点

的坐标为(x_0, z_0)，抛物线方程为 $z-z_0 = -(x-x_0)^2/k$，同样以 z 作为已知变量，则变量 $x=x_0 \pm \sqrt{k(z-z_0)}$。当加工如图 8-10 所示开口向右凸抛物面回转体时，变量 $x=x_0+\sqrt{k(z-z_0)}$；当加工图 8-11 所示开口向右凹抛物面回转体时，变量 $x=x_0-\sqrt{k(z-z_0)}$。

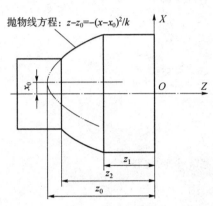

图 8-10　开口向右凸抛物面回转体

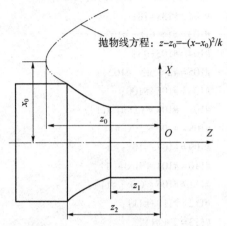

图 8-11　开口向右凹抛物面回转体

　　图 8-12 所示为开口向下凸抛物面回转体，图中已知抛物面顶点的坐标为(x_0, z_0)，抛物线方程为 $x-x_0 = -k(z-z_0)^2$，同样以 z 作为已知变量，则变量 $x=x_0-k(z-z_0)^2$。

　　图 8-13 所示开口向上凹抛物面回转体，图中已知抛物面顶点的坐标为(x_0, z_0)，抛物线方程为 $x-x_0 = k(z-z_0)^2$，同样以 z 作为已知变量，则变量 $x=x_0+k(z-z_0)^2$。

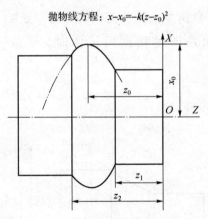

图 8-12　开口向下凸抛物面回转体

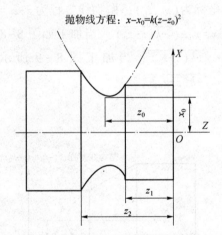

图 8-13　开口向上凹抛物面回转体

3. 双曲线曲面变量的表达式

　　图 8-14 和图 8-15 所示为开口向 X 轴的双曲线曲面回转体，以 z 作为已知变量，根据双曲线的方程 $\dfrac{(x-x_0)^2}{a^2} - \dfrac{(z-z_0)^2}{b^2} = 1$ 可知：当加工如图 8-14 所示开口向 X 轴凸双曲面回转体时，变量 $x=x_0-a\sqrt{1+\dfrac{(z-z_0)^2}{b^2}}$；当加工图 8-15 所示开口向 X 轴凹双曲面

回转体时，变量 $x=x_0+a\sqrt{1+\dfrac{(z-z_0)^2}{b^2}}$。

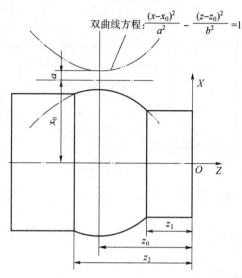

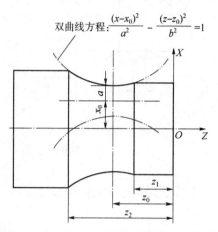

图 8-14　开口向 X 轴凸双曲线曲面回转体　　　图 8-15　开口向 X 轴凹双曲线曲面回转体

图 8-16 和图 8-17 所示为开口向 Z 轴的双曲线曲面回转体，以 z 作为已知变量，根据双曲线的方程 $\dfrac{(z-z_0)^2}{b^2}-\dfrac{(x-x_0)^2}{a^2}=1$ 可知：当加工如图 8-16 所示开口向 Z 轴凹双曲线曲面回转体时，变量 $x=x_0-a\sqrt{\dfrac{(z-z_0)^2}{b^2}-1}$；当加工如图 8-17 所示开口向 Z 轴凸双曲线曲面回转体时，变量 $x=x_0+a\sqrt{\dfrac{(z-z_0)^2}{b^2}-1}$。

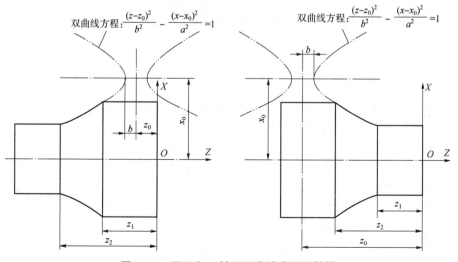

图 8-16　开口向 Z 轴凹双曲线曲面回转体

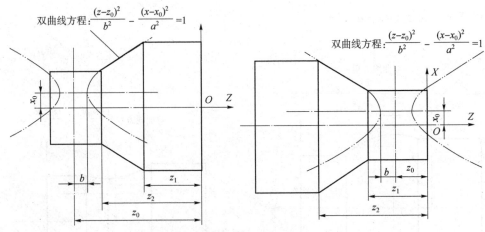

双曲线方程：$\dfrac{(z-z_0)^2}{b^2} - \dfrac{(x-x_0)^2}{a^2} = 1$

双曲线方程：$\dfrac{(z-z_0)^2}{b^2} - \dfrac{(x-x_0)^2}{a^2} = 1$

图 8-17　开口向 Z 轴凸双曲线曲面回转体

【椭圆轴零件编程与加工案例教学视频】

椭圆轴零件编程与加工

 职业技能鉴定理论试题

一、单项选择题

1. 宏程序 G65 是（　　）调用。

A. 子程序　　　　　　B. 模态　　　　　　C. 非模态　　　　　　D. M98

2. 宏程序可用于编写以下哪些非圆曲线？（　　）

A. 椭圆　　　　　　　B. 抛物线　　　　　C. 双曲线　　　　　D. 其他非圆曲线

3. 控制指令 IF[<条件表达式>]GOTOn 表示若条件成立，则转向为（　　）的程序段。

A. $n-1$　　　　　　　B. n　　　　　　　C. $n+1$　　　　　　D. 结束

4. 自循环指令 WHILE…END 表示当条件满足时，就执行（　　）程序段。

A. END 后　　　　　　　　　　　　　B. WHILE 之间

C. WHILE 和 END 之间　　　　　　　D. 结尾

5. 如果采用角度变量编制椭圆程序，步距取值越（　　），椭圆精度越高。

A. 大　　　　　　　　B. 小　　　　　　　C. 随便

6. 椭圆有哪几种方程？（　　）

A. 数学方程　　　　B. 极坐标方程　　　　C. 代数方程　　　　D. 参数方程

二、判断题

（　　）1. 正弦（度）的运算指令的格式为#i＝TAN［#j］。

（　　）2. 深孔钻削时切削速度越小越好。

（　　）3. 用户宏程序中使用变量的程序段中不允许有常量尺寸字。

（　　）4. 使用 G65 给局部变量赋值时，自变量地址 Z 对应的变量号为#31。

（　　）5. 圆弧逼近法是指圆弧近似代替非圆曲线进行节点计算和加工的方法。

（　　）6. 当#1＝5 537.342，#2＝5 539.0 时，执行 IF［#1GT#2］GOTO 100 的结果是转而执行行号为 N100 的程序段。

（　　）7. 椭圆参数方程式为 $X＝a\cos\theta$；$Y＝b\sin\theta$。

附录 数控车工国家职业标准

1 职业概况

1.1 职业名称

数控车工

1.2 职业定义

从事编制数控加工程序并操作数控车床进行零件车削加工的人员。

1.3 职业等级

本职业共设四个等级,分别为:中级(国家职业资格四级)、高级(国家职业资格三级)、技师(国家职业资格二级)、高级技师(国家职业资格一级)。

1.4 职业环境

室内、常温。

1.5 职业能力特征

具有较强的计算能力和空间感,形体知觉及色觉正常,手指、手臂灵活,动作协调。

1.6 基本文化程度

高中毕业(或同等学力)。

1.7 培训要求

1.7.1 培训期限

全日制职业学校教育,根据其培养目标和教学计划确定。晋级培训期限:中级不少于 400 标准学时;高级不少于 300 标准学时;技师不少于 200 标准学时;高级技师不少于 200 标准学时。

1.7.2 培训教师

培训中、高级人员的教师应取得本职业技师及以上职业资格证书或相关专业中级及以上专业技术职称任职资格；培训技师的教师应取得本职业高级技师职业资格证书或相关专业高级专业技术职称任职资格；培训高级技师的教师应取得本职业高级技师职业资格证书 2 年以上或取得相关专业高级专业技术职称任职资格 2 年以上。

1.7.3 培训场地设备

满足教学要求的标准教室、计算机机房及配套的软件、数控车床及必要的刀具、夹具、量具和辅助设备等。

1.8 鉴定要求

1.8.1 适用对象

从事或准备从事本职业的人员。

1.8.2 申报条件

—— 中级（具备以下条件之一者）：

（1）经本职业中级正规培训达规定标准学时数，并取得结业证书。

（2）连续从事本职业工作 5 年以上。

（3）取得经劳动保障行政部门审核认定的，以中级技能为培养目标的中等以上职业学校本职业（或相关专业）毕业证书。

（4）取得相关职业中级《职业资格证书》后，连续从事本职业 2 年以上。

——高级（具备以下条件之一者）：

（1）取得本职业中级职业资格证书后，连续从事本职业工作 2 年以上，经本职业高级正规培训，达到规定标准学时数，并取得结业证书。

（2）取得本职业中级职业资格证书后，连续从事本职业工作 4 年以上。

（3）取得劳动保障行政部门审核认定的，以高级技能为培养目标的职业学校本职业（或相关专业）毕业证书。

（4）大专以上本专业或相关专业毕业生，经本职业高级正规培训，达到规定标准学时数，并取得结业证书。

—— 技师（具备以下条件之一者）：

（1）取得本职业高级职业资格证书后，连续从事本职业工作 4 年以上，经本职业技师正规培训达规定标准学时数，并取得结业证书。

（2）取得本职业高级职业资格证书的职业学校本职业（专业）毕业生，连续从事本职业工作 2 年以上，经本职业技师正规培训达规定标准学时数，并取得结业证书。

（3）取得本职业高级职业资格证书的本科（含本科）以上本专业或相关专业的

毕业生，连续从事本职业工作 2 年以上，经本职业技师正规培训达规定标准学时数，并取得结业证书。

——高级技师：

取得本职业技师职业资格证书后，连续从事本职业工作 4 年以上，经本职业高级技师正规培训达规定标准学时数，并取得结业证书。

1.8.3　鉴定方式

分为理论知识考试和技能操作考核。理论知识考试采用闭卷方式，技能操作（含软件应用）考核采用现场实际操作和计算机软件操作方式。理论知识考试和技能操作（含软件应用）考核均实行百分制，成绩皆达 60 分及以上者为合格。技师和高级技师还需进行综合评审。

1.8.4　考评人员与考生配比

理论知识考试考评人员与考生配比为 1∶15，每个标准教室不少于 2 名相应级别的考评员；技能操作（含软件应用）考核考评员与考生配比为 1∶2，且不少于 3 名相应级别的考评员；综合评审委员不少于 5 人。

1.8.5　鉴定时间

理论知识考试为 120 分钟，技能操作考核中实操时间为：中级、高级不少于 240 分钟，技师和高级技师不少于 300 分钟，技能操作考核中软件应用考试时间为不超过 120 分钟，技师和高级技师的综合评审时间不少于 45 分钟。

1.8.6　鉴定场所设备

理论知识考试在标准教室里进行，软件应用考试在计算机机房进行，技能操作考核在配备必要的数控车床及必要的刀具、夹具、量具和辅助设备的场所进行。

2　基本要求

2.1　职业守则

（1）遵守国家法律、法规和有关规定。

（2）具有高度的责任心、爱岗敬业、团结合作。

（3）严格执行相关标准、工作程序与规范、工艺文件和安全操作规程。

（4）学习新知识、新技能，勇于开拓和创新。

（5）爱护设备、系统及工具、夹具、量具。

（6）着装整洁，符合规定；保持工作环境清洁有序，文明生产。

2.2 基础知识

2.2.1 基础理论知识

(1) 机械制图。

(2) 工程材料及金属热处理知识。

(3) 机电控制知识。

(4) 计算机基础知识。

(5) 专业英语基础。

2.2.2 机械加工基础知识

(1) 机械原理。

(2) 常用设备知识（分类、用途、基本结构及维护保养方法）。

(3) 常用金属切削刀具知识。

(4) 典型零件加工工艺。

(5) 设备润滑和冷却液的使用方法。

(6) 工具、夹具、量具的使用与维护知识。

(7) 普通车床、钳工基本操作知识。

2.2.3 安全文明生产与环境保护知识

(1) 安全操作与劳动保护知识。

(2) 文明生产知识。

(3) 环境保护知识。

2.2.4 质量管理知识

(1) 企业的质量方针。

(2) 岗位质量要求。

(3) 岗位质量保证措施与责任。

2.2.5 相关法律、法规知识

(1) 劳动法的相关知识。

(2) 环境保护法的相关知识。

(3) 知识产权保护法的相关知识。

3 工作要求

本标准对中级、高级、技师和高级技师的技能要求依次递进，高级别涵盖低级别的要求。

学习笔记

职业功能	工作内容	技能要求	相关知识
一、加工准备	（一）读图与绘图	1. 能读懂中等复杂程度（如曲轴）的零件图； 2. 能绘制简单的轴、盘类零件图； 3. 能读懂进给机构、主轴系统的装配图	1. 复杂零件的表达方法； 2. 简单零件图的画法； 3. 零件三视图、局部视图和剖视图的画法； 4. 装配图的画法
	（二）制定加工工艺	1. 能读懂复杂零件的数控车床加工工艺文件； 2. 能编制简单（轴、盘）零件的数控加工工艺文件	数控车床加工工艺文件的制定
	（三）零件定位与装夹	能使用通用卡具（如三爪卡盘、四爪卡盘）进行零件装夹与定位	1. 数控车床常用夹具的使用方法； 2. 零件定位、装夹的原理和方法
	（四）刀具准备	1. 能够根据数控加工工艺文件选择、安装和调整数控车床常用刀具； 2. 能够刃磨常用车削刀具	1. 金属切削与刀具磨损知识； 2. 数控车床常用刀具的种类、结构和特点； 3. 数控车床、零件材料、加工精度和工作效率对刀具的要求
二、数控编程	（一）手工编程	1. 能编制由直线、圆弧组成的二维轮廓数控加工程序； 2. 能编制螺纹加工程序； 3. 能够运用固定循环、子程序进行零件的加工程序编制	1. 数控编程知识； 2. 直线插补和圆弧插补的原理； 3. 坐标点的计算方法
	（二）计算机辅助编程	1. 能够使用计算机绘图设计软件绘制简单（轴、盘、套）零件图； 2. 能够利用计算机绘图软件计算节点	计算机绘图软件（二维）的使用方法
三、数控车床操作	（一）操作面板	1. 能够按照操作规程启动及停止机床； 2. 能使用操作面板上的常用功能键（如回零、手动、MDI、修调等）	1. 熟悉数控车床操作说明书； 2. 数控车床操作面板的使用方法
	（二）程序输入与编辑	1. 能够通过各种途径（如 DNC、网络等）输入加工程序； 2. 能够通过操作面板编辑加工程序	1. 数控加工程序的输入方法； 2. 数控加工程序的编辑方法； 3. 网络知识
	（三）对刀	1. 能进行对刀并确定相关坐标系； 2. 能设置刀具参数	1. 对刀的方法； 2. 坐标系的知识； 3. 刀具偏置补偿、半径补偿与刀具参数的输入方法
	（四）程序调试与运行	能够对程序进行校验、单步执行、空运行并完成零件试切	程序调试的方法

职业功能	工作内容	技能要求	相关知识
四、 零件加工	（一） 轮廓加工	1. 能进行轴、套类零件加工，并达到以下要求： （1）尺寸公差等级：IT6； （2）形位公差等级：IT8； （3）表面粗糙度：$Ra1.6\ \mu m$。 2. 能进行盘类、支架类零件加工，并达到以下要求： （1）轴径公差等级：IT6； （2）孔径公差等级：IT7； （3）形位公差等级：IT8； （4）表面粗糙度：$Ra1.6\ \mu m$	1. 内外径的车削加工方法、测量方法； 2. 形位公差的测量方法； 3. 表面粗糙度的测量方法
	（二） 螺纹加工	能进行单线等节距的普通三角螺纹、锥螺纹的加工，并达到以下要求： （1）尺寸公差等级：IT6~IT7 级； （2）形位公差等级：IT8； （3）表面粗糙度：$Ra1.6\ \mu m$	1. 常用螺纹的车削加工方法； 2. 螺纹加工中的参数计算
	（三） 槽类加工	能进行内径槽、外径槽和端面槽的加工，并达到以下要求： （1）尺寸公差等级：IT8； （2）形位公差等级：IT8； （3）表面粗糙度：$Ra3.2\ \mu m$	内、外径槽和端槽的加工方法
	（四） 孔加工	能进行孔加工，并达到以下要求： （1）尺寸公差等级：IT7； （2）形位公差等级：IT8； （3）表面粗糙度：$Ra3.2\ \mu m$	孔的加工方法
	（五） 零件精度检验	能够进行零件的长度、内外径、螺纹、角度精度检验	1. 通用量具的使用方法； 2. 零件精度检验及测量方法
五、 数控车床维护 与精度检验	（一） 数控车床 日常维护	能够根据说明书完成数控车床的定期及不定期维护保养，包括：机械、电、气、液压、数控系统检查和日常保养等	1. 数控车床说明书； 2. 数控车床日常保养方法； 3. 数控车床操作规程； 4. 数控系统（进口与国产数控系统）使用说明书
	（二） 数控车床故障 诊断	1. 能读懂数控系统的报警信息； 2. 能发现数控车床的一般故障	1. 数控系统的报警信息； 2. 机床的故障诊断方法
	（三） 机床精度检查	能够检查数控车床的常规几何精度	数控车床常规几何精度的检查方法

3.2 高级

职业功能	工作内容	技能要求	相关知识
一、 加工准备	（一） 读图与绘图	1. 能够读懂中等复杂程度（如刀架）的装配图； 2. 能够根据装配图拆画零件图； 3. 能够测绘零件	1. 根据装配图拆画零件图的方法； 2. 零件的测绘方法
	（二） 制定加工工艺	能编制复杂零件的数控车床加工工艺文件	复杂零件数控加工工艺文件的制定
	（三） 零件定位与装夹	1. 能选择和使用数控车床组合夹具和专用夹具； 2. 能分析并计算车床夹具的定位误差； 3. 能够设计与自制装夹辅具（如芯轴、轴套、定位件等）	1. 数控车床组合夹具和专用夹具的使用、调整方法； 2. 专用夹具的使用方法； 3. 夹具定位误差的分析与计算方法
	（四） 刀具准备	1. 能够选择各种刀具及刀具附件； 2. 能够根据难加工材料的特点，选择刀具的材料、结构和几何参数； 3. 能够刃磨特殊车削刀具	1. 专用刀具的种类、用途、特点和刃磨方法； 2. 切削难加工材料时的刀具材料和几何参数的确定方法
二、 数控编程	（一） 手工编程	能运用变量编程编制含有公式曲线的零件数控加工程序	1. 固定循环和子程序的编程方法； 2. 变量编程的规则和方法
	（二） 计算机辅助编程	能用计算机绘图软件绘制装配图	计算机绘图软件的使用方法
	（三） 数控加工仿真	能利用数控加工仿真软件实施加工过程仿真以及加工代码检查、干涉检查、工时估算	数控加工仿真软件的使用方法
三、 零件加工	（一） 轮廓加工	能进行细长、薄壁零件加工，并达到以下要求： （1）轴径公差等级：IT6； （2）孔径公差等级：IT7； （3）形位公差等级：IT8； （4）表面粗糙度：$Ra1.6\ \mu m$	细长、薄壁零件加工的特点及装卡、车削方法
	（二） 孔加工	能进行深孔加工，并达到以下要求： （1）尺寸公差等级：IT6； （2）形位公差等级：IT8； （3）表面粗糙度：$Ra1.6\ \mu m$	深孔的加工方法
	（三） 配合件加工	能按装配图上的技术要求对套件进行零件加工和组装，配合公差达到：IT7级	套件的加工方法

职业功能	工作内容	技能要求	相关知识
三、 零件加工	（四） 螺纹加工	1. 能进行单线和多线等节距的 T 型螺纹、锥螺纹加工，并达到以下要求： （1）尺寸公差等级：IT6； （2）形位公差等级：IT8； （3）表面粗糙度：$Ra1.6\ \mu m$。 2. 能进行变节距螺纹的加工，并达到以下要求： （1）尺寸公差等级：IT6； （2）形位公差等级：IT7； （3）表面粗糙度：$Ra1.6\ \mu m$	1. T 型螺纹、锥螺纹加工中的参数计算； 2. 变节距螺纹的车削加工方法
	（五） 零件精度检验	1. 能够在加工过程中使用百（千）分表等进行在线测量，并进行加工技术参数的调整； 2. 能够进行多线螺纹的检验； 3. 能进行加工误差分析	1. 百（千）分表的使用方法； 2. 多线螺纹的精度检验方法； 3. 误差分析的方法
四、 数控车床维护 与精度检验	（一） 数控车床日常维护	1. 能判断数控车床的一般机械故障； 2. 能完成数控车床的定期维护保养	1. 数控车床机械故障和排除方法； 2. 数控车床液压原理和常用液压元件
	（二） 机床精度检验	1. 能够进行机床几何精度检验； 2. 能够进行机床切削精度检验	1. 机床几何精度检验内容及方法； 2. 机床切削精度检验内容及方法

3.3 技师

职业功能	工作内容	技能要求	相关知识
一、 加工准备	（一） 读图与绘图	1. 能绘制工装装配图； 2. 能读懂常用数控车床的机械结构图及装配图	1. 工装装配图的画法； 2. 常用数控车床的机械原理图及装配图的画法
	（二） 制定加工工艺	1. 能编制高难度、高精密、特殊材料零件的数控加工多工种工艺文件； 2. 能对零件的数控加工工艺进行合理性分析，并提出改进建议； 3. 能推广应用新知识、新技术、新工艺、新材料	1. 零件的多工种工艺分析方法； 2. 数控加工工艺方案合理性的分析方法及改进措施； 3. 特殊材料的加工方法； 4. 新知识、新技术、新工艺、新材料
	（三） 零件定位与装夹	能设计与制作零件的专用夹具	专用夹具的设计与制造方法
	（四） 刀具准备	1. 能够依据切削条件和刀具条件估算刀具的使用寿命； 2. 根据刀具寿命计算并设置相关参数； 3. 能推广应用新刀具	1. 切削刀具的选用原则； 2. 延长刀具寿命的方法； 3. 刀具新材料、新技术； 4. 刀具使用寿命的参数设定方法

职业功能	工作内容	技能要求	相关知识
二、数控编程	（一）手工编程	能够编制车削中心、车铣中心的三轴及三轴以上（含旋转轴）的加工程序	编制车削中心、车铣中心加工程序的方法
	（二）计算机辅助编程	1. 能用计算机辅助设计/制造软件进行车削零件的造型和生成加工轨迹；2. 能够根据不同的数控系统进行后置处理并生成加工代码	1. 三维造型和编辑；2. 计算机辅助设计/制造软件（三维）的使用方法
	（三）数控加工仿真	能够利用数控加工仿真软件分析和优化数控加工工艺	数控加工仿真软件的使用方法
三、零件加工	（一）轮廓加工	1. 能编制数控加工程序车削多拐曲轴达到以下要求：（1）直径公差等级：IT6；（2）表面粗糙度：$Ra1.6\ \mu m$。2. 能编制数控加工程序对适合在车削中心加工的带有车削、铣削等工序的复杂零件进行加工	1. 多拐曲轴车削加工的基本知识；2. 车削加工中心加工复杂零件的车削方法
	（二）配合件加工	能进行两件（含两件）以上具有多处尺寸链配合的零件加工与配合	多尺寸链配合的零件加工方法
	（三）零件精度检验	能根据测量结果对加工误差进行分析并提出改进措施	精密零件的精度检验方法 检具设计知识
四、数控车床维护与精度检验	（一）数控车床维护	1. 能够分析和排除液压和机械故障；2. 能借助字典阅读数控设备的主要外文信息	1. 数控车床常见故障诊断及排除方法；2. 数控车床专业外文知识
	（二）机床精度检验	能够进行机床定位精度、重复定位精度的检验	机床定位精度检验、重复定位精度检验的内容及方法
五、培训与管理	（一）操作指导	能指导本职业中级、高级进行实际操作	操作指导书的编制方法
	（二）理论培训	1. 能对本职业中级、高级和技师进行理论培训；2. 能系统地讲授各种切削刀具的特点和使用方法	1. 培训教材的编写方法；2. 切削刀具的特点和使用方法
	（三）质量管理	能在本职工作中认真贯彻各项质量标准	相关质量标准
	（四）生产管理	能协助部门领导进行生产计划、调度及人员的管理	生产管理基本知识
	（五）技术改造与创新	能够进行加工工艺、夹具、刀具的改进	数控加工工艺综合知识

3.4 高级技师

职业功能	工作内容	技能要求	相关知识
一、 工艺分析与设计	（一） 读图与绘图	1. 能绘制复杂工装装配图； 2. 能读懂常用数控车床的电气、液压原理图	1. 复杂工装设计方法； 2. 常用数控车床电气、液压原理图的画法
	（二） 制定加工工艺	1. 能对高难度、高精密零件的数控加工工艺方案进行优化并实施； 2. 能编制多轴车削中心的数控加工工艺文件； 3. 能够对零件加工工艺提出改进建议	1. 复杂、精密零件加工工艺的系统知识； 2. 车削中心、车铣中心加工工艺文件编制方法
	（三） 零件定位与装夹	能对现有的数控车床夹具进行误差分析并提出改进建议	误差分析方法
	（四） 刀具准备	能根据零件要求设计刀具，并提出制造方法	刀具的设计与制造知识
二、 零件加工	（一） 异形零件加工	能解决高难度（如十字座类、连杆类、叉架类等异形零件）零件车削加工的技术问题，并制定工艺措施	高难度零件的加工方法
	（二） 零件精度检验	能够制定高难度零件加工过程中的精度检验方案	在机械加工全过程中影响质量的因素及提高质量的措施
三、 数控车床维护与精度检验	（一） 数控车床维护	1. 能借助字典看懂数控设备的主要外文技术资料； 2. 能够针对机床运行现状合理调整数控系统相关参数； 3. 能根据数控系统报警信息判断数控车床故障	1. 数控车床专业外文知识； 2. 数控系统报警信息
	（二） 机床精度检验	能够进行机床定位精度、重复定位精度的检验	机床定位精度和重复定位精度的检验方法
	（三） 数控设备网络化	能够借助网络设备和软件系统实现数控设备的网络化管理	数控设备网络接口及相关技术
四、 培训与管理	（一） 操作指导	能指导本职业中级、高级和技师进行实际操作	操作理论教学指导书的编写方法
	（二） 理论培训	能对本职业中级、高级和技师进行理论培训	教学计划与大纲的编制方法
	（三） 质量管理	能应用全面质量管理知识，实现操作过程的质量分析与控制	质量分析与控制方法
	（四） 技术改造与创新	能够组织实施技术改造和创新，并撰写相应的论文	科技论文撰写方法

4 比重表

4.1 理论知识

项目		中级/%	高级/%	技师/%	高级技师/%
基本要求	职业道德	5	5	5	5
	基础知识	20	20	15	15
相关知识	加工准备	15	15	30	—
	数控编程	20	20	10	—
	数控车床操作	5	5	—	—
	零件加工	30	30	20	15
	数控车床维护与精度检验	5	5	10	10
	培训与管理	—	—	10	15
	工艺分析与设计	—	—	—	40
合　计		100	100	100	100

4.2 技能操作

项目		中级/%	高级/%	技师/%	高级技师/%
机能要求	加工准备	10	10	20	—
	数控编程	20	20	30	—
	数控车床操作	5	5	—	—
	零件加工	60	60	40	45
	数控车床维护与精度检验	5	5	5	10
	培训与管理	—	—	5	10
	工艺分析与设计	—	—	—	35
合　计		100	100	100	100

参考文献

[1] 杨静云. 数控编程与加工 [M]. 北京：高等教育出版社，2018.

[2] 谢仁华，嫦娥. 典型车削零件数控编程与加工 [M]. 北京：北京理工大学出版社，2018.

[3] 顾京. 数控加工编程及操作 [M]. 北京：高等教育出版社，2002.

[4] 黎震，管嫦娥. 数控机床操作实训 [M]. 北京：北京理工大学出版社，2010.